智能建造概论

尤志嘉 吴 琛 郑莲琼 著

中国建材工业出版社

图书在版编目（CIP）数据

智能建造概论/尤志嘉，吴琛，郑莲琼著．--北京：
中国建材工业出版社，2021.12（2023.7重印）
　　ISBN 978-7-5160-3335-7

　　Ⅰ.①智…　Ⅱ.①尤…　②吴…　③郑…　Ⅲ.①智能技
术－应用－土木工程－研究　Ⅳ.①TU

　　中国版本图书馆 CIP 数据核字（2021）第 216538 号

智能建造概论

Zhineng Jianzao Gailun

尤志嘉　吴　琛　郑莲琼　著

出版发行：中国建材工业出版社
地　　址：北京市海淀区三里河路11号
邮　　编：100831
经　　销：全国各地新华书店
印　　刷：北京雁林吉兆印刷有限公司
开　　本：710mm×1000mm　　1/16
印　　张：7.25
字　　数：120千字
版　　次：2021年12月第1版
印　　次：2023年7月第3次
定　　价：40.00元

前　　言

作为典型的劳动密集型产业，建筑业正面临着前所未有的压力。粗放式的生产组织方式导致施工效率低下、资源浪费严重、能源消耗过大、环保问题突出、安全事故频发、工程质量难以保障等诸多问题，因此迫切需要转型升级，实现精益化、可持续的发展。近年来，以物联网、大数据、云计算为代表的新兴技术正日益广泛地应用于工程项目建设中，但它们仍局限于碎片化地解决特定工程问题，如何将其整合到高度集成的体系中，以驱动建筑业转型升级是一个有待解决的难题。此外，建筑业的一些特殊性质也成为阻碍智能技术应用的桎梏。例如建筑产品的唯一性，建造资源的流动性，施工过程的离散性、复杂性与高不确定性，以及施工环境的恶劣性等，这就决定了建筑业不能完全照搬生产制造业的先进理论与技术，必须建立适合自身转型升级的发展模式。

在此背景下，"智能建造"的概念日益受到关注并迅速发展成一个热点领域。目前，关于智能建造技术研发与工程应用的报道方兴未艾，但其基础理论研究却相对滞后。众所周知，任何一个新兴研究领域若发展成为一门学科，必然要建立在坚实的理论基础之上，形成明确的研究目标与研究内容，以及系统的研究方法。由此可见，智能建造距离形成一门学科还有很长的路。当前，智能建造领域的研究应着眼于构建基础理论知识体系，解决建筑业转型升级中所面临的基础共性问题，以实现通过技术系统进步驱动产业创新发展的愿景。

本书以工业革命发展历史的视角阐释智能建造的内涵，分析第四次工业革命（即"工业 4.0"）给我国建筑业转型升级带来的机遇与挑战。在基础理论研究层面，就智能建造的基本概念、参考架构、工作机理、运行机制、集成模式、业务场景、实施路径与评价机制等问题开展研究，揭示智能技术驱动建筑业创新生产组织方式的机理，推动建立智能建造基础理论体系。在政策研究层面，分析我国建筑业信息化与精益化发展滞后的原因，并探索其转型升级的发展模式与实现路径。

　　全书分为 6 章，第 1 章概述了前三次工业革命及其引发的建筑工业化发展历程，并分析了我国建筑业转型升级所面临的瓶颈；第 2 章介绍了第四次工业革命及各项新兴技术在建筑业中的应用，分析其驱动业务模式转型的目标与路径；第 3 章提出了智能建造的基本概念及其理论框架体系，建立了智能建造系统的参考体系结构并分析其运行机理；第 4 章梳理了未来智能建造模式下的典型业务应用场景；第 5 章阐述了智能建造模式的实施路径与评价机制；第 6 章在分析我国智能建造产学研发展现状的基础上，提出了相应的政策实施建议。作为一项前瞻性研究，本书旨在解决建筑业转型升级中所面临的关键科学问题，并探讨潜在的研究方向，期待对学术界与产业界有所启示，以激发更多面向智能建造领域的研究与实践。

　　由于本书创作于智能建造理论发展的初期，许多观点仍有待进一步论证与澄清，加之作者水平有限，疏漏之处在所难免，敬请广大读者批评指正。

尤志嘉

2021 年 6 月于福建工程学院

目　录

1 绪 论

1.1 工业革命发展简史

"变革伴随着人类历史的始终,每每出现新技术,出现看待世界的新视角,人类的经济体制和社会结构便会发生深刻的变革。"

——克劳斯·施瓦布

人类历史上先后经历的三次工业革命对社会结构产生了深远的影响。在此期间,科学技术逐步与工业生产紧密地结合起来,成为生产力发展的核心驱动因素。科学技术的创新也推动了社会生产组织方式的变革,同时催生出新的管理思想,为下一次工业革命奠定了理论基础。三次工业革命发展史见表1.1。

表1.1 三次工业革命发展史

工业革命历程	发生时间	代表性技术	生产组织方式	代表性管理理论
第一次工业革命	18世纪中叶	蒸汽机	机械化生产代替手工作业	《国富论》
第二次工业革命	19世纪中叶至20世纪初	电气化技术	专业化分工,流水线生产方式	《科学管理原理》
第三次工业革命	1946年	信息技术	自动化、精益化生产方式	《精益思想》

18世纪中叶蒸汽机技术的诞生触发了第一次工业革命,此后机械化生产方式逐渐代替手工作业,极大地提高了劳动生产效率。第一次工业革命使人类社会完成了从手工业向机械化大生产的过渡,在此期间科学与技术紧密地结合起来,成为推动生产力发展的动力。社会生产组织方式的变革也促使了

1

管理科学理论的萌芽，具有代表性的是亚当·斯密所著的《国富论》，该书首次提出了专业化劳动分工的概念，这也为第二次工业革命的诞生奠定了管理学理论基础。

第二次工业革命发生在 19 世纪中叶至 20 世纪初，以电气化技术的大规模应用为显著特点，因此也被称为电气化革命。在此期间，电力成为取代蒸汽动力的新能源，而内燃机作为另一项重大创新技术，则逐步替代了蒸汽机，成为交通工具的发动机。20 世纪 20 年代，福特汽车公司首次引入了大规模流水生产线，促进了生产工艺过程与工业产品的标准化，因而流水线生产方式也常被称为"福特生产方式"。流水线的诞生使得商品的大规模批量生产成为可能，生产过程变得相对容易，从而进一步提高了劳动生产效率。在第二次工业革命期间，管理学理论迅速发展并日趋成熟，弗雷德里克·温斯洛·泰勒在其所著的《科学管理原理》中系统地阐释了作业标准化、成本标准化、计划职能与执行职能分离等一系列管理思想，开创了科学管理的新时代，为实现企业利益最大化提供了理论基础。

1946 年第一台电子计算机的诞生开启了以信息技术为代表的第三次工业革命。第三次工业革命期间涌现出了大量的科技成果，大大加快了科技转化为生产力的速度，缩短了知识转换为财富的过程。在此期间，计算机技术与工业生产紧密结合，推动了生产自动化与管理信息化的发展，并催生了对现代企业生产管理方式的新需求。詹姆斯·沃麦克和丹尼尔·琼斯在对全世界 90 多个汽车制造厂进行调查分析后，认为丰田公司的生产方式最适用于现代制造企业，并以此为基础在《精益思想》一书中系统地阐释了精益管理理论，强调最大限度地消除生产过程中的各种浪费，以最小资源投入为顾客创造更大的价值。在第三次工业革命期间，丰富的生产管理实践促使管理学发展为一门真正的科学，并实现了现代化。

1.2　建筑工业化发展简史

从生产方式上讲，建筑业属于一种特殊的离散型制造业，其产品是建筑物或公共基础设施。建筑工业化是随着工业革命而出现的概念，随着新建筑运动在欧洲的兴起，实行工厂预制、现场机械装配，逐步形成了建筑工业化的雏形。建造于 1851 年的伦敦水晶宫（图 1.1）是英国工业革命时期的代表性建筑，其大部分为铁结构，外墙和屋面均为玻璃，这也是世界上第一座大型装配式公共建筑。

图 1.1 伦敦水晶宫

第二次世界大战结束后，西方国家出现急需解决大量住房而又严重缺乏劳动力的情况，为推行建筑工业化提供了实践的基础。法国的现代建筑大师勒·柯布西耶便曾经构想房子也能够像汽车底盘一样工业化成批生产，他的著作《走向新建筑》奠定了工业化住宅、居住机器等前沿建筑理论的基础。为促进国际间的建筑产品交流、技术合作并推动建筑标准化，国际标准化组织（ISO）在各国有关部门的配合下制定了一系列建筑标准、条例和规范。此后，以标准化为基础的居住单元系列装配式建筑迅速发展。装配化施工具有提高劳动生产率及产品质量，缩短施工周期，减少噪声排放、现场扬尘、运输遗洒，提高施工质量等一系列优势。1954 年诞生了第一条预制构件生产线，此后随着装配式施工技术的不断发展，一些技术要求高的工程项目由具有专用设备和技术的施工队伍承担，进一步推动了建筑生产的专业化与社会化。如图 1.2 所示为 20 世纪 50 年代西方国家装配式建筑施工现场。

20 世纪 50～60 年代，工作分解结构（WBS）、关键路径法（CPM）、计划评审技术（PERT）、挣值管理法（EVM）等项目管理工具逐步应用于施工

图 1.2　20 世纪 50 年代西方国家装配式建筑施工现场

组织管理，随着国际项目管理协会的成立，标志着工程管理正式成为一个学科。之后随着计算机技术的不断发展，一些软件公司基于工程管理方法与工具开发信息系统软件，开启了工程管理信息化的时代。如今计算机技术已经广泛地应用于工程管理的各个阶段，包括进度管理、成本控制、合同管理、质量安全管理等。

　　20 世纪 60 年代计算机辅助设计（CAD）技术诞生，使传统的产品设计方法与生产模式发生了深刻的变化。在设计中通常要用对不同方案进行大量的计算、分析与比较，以确定最优的方案，计算机可以辅助设计人员完成计算、信息存储以及制图等工作。80 年代起各国陆续开展了"甩图板运动"，CAD技术广泛应用于建筑工业化领域，大幅提高了建筑设计效率与标准化程度，从而降低了建筑设计成本。

　　1974 年，联合国出版的《政府逐步实现建筑工业化的政策和措施指引》中对"建筑工业化"作出如下定义："按照大工业生产方式改造建筑业，使之逐步从手工业生产转向社会化大生产的过程。它的基本途径是建筑设计标准化、构配件生产工厂化、施工机械化和组织管理科学化，并逐步采用现代科学技术的新成果，以提高劳动生产率，加快建设速度，降低工程成本，提高工程质量"。

1993 年，丹麦学者 Lauris Koskela 将制造业已成熟应用的精益管理原理引入到建筑业，首次提出了"精益建造"（lean construction）的概念，试图根据精益生产的思想，结合建筑工程的特点对施工过程进行改造，从而形成功能完整的建造系统。与传统的工程管理理论相比，精益建造更强调面向建筑产品的全生命周期，彻底消除建筑施工过程中的各种浪费与不确定性，从而最大限度地满足客户需求。精益建造理论的诞生，进一步推动了工程建造向着精益化、集约化的方向发展。

进入 21 世纪后，信息技术的迅猛发展推动了建筑信息模型（building information modeling，BIM）的诞生。BIM 作为数字化建设与运维的基础性技术工具，其强大的信息共享能力与协同工作能力日益显现，促使工程建设各阶段、各参与方之间在更高层面上共享资源，有助于解决以往设计与施工脱节、部品与建造技术脱节等问题，大幅提高了工程建设的效率与质量。从建筑业的未来发展趋势来看，BIM 与新一代信息技术的结合将成为建筑工业化重要的工具与手段。

1.3 我国建筑业转型升级发展的瓶颈

1.3.1 我国建筑施工存在的主要问题

建筑工业化虽然已经在西方走过了一个多世纪的里程，但是对我国而言仍是一个相对较新的概念。改革开放 40 多年来，我国其他工业门类都发生了根本性的变革，现代化水平越来越高，建筑业却依然发展缓慢，分散的、低水平的、低效率的粗放式手工业生产方式仍然占据主导地位，传统模式积累的问题和矛盾日益突出。

（1）施工效率低下。

目前我国建筑业的劳动生产率仅为发达国家的 2/3 左右，施工机械化、信息化与智能化程度都相对较低。由于施工组织不周密、资源调度不协调、机械自动化水平低、供应链难以协同等原因，加之受到现场条件、气候变化等因素影响，导致了建筑施工效率普遍较低，进而导致了进度延误、成本超支等一系列问题。根据有关统计，施工人员仅有大约 30% 的工作时间进行主要施工活动，而剩余的 70% 时间则用于如运输材料、清理和重新布置施工现场、寻找材料和设备等辅助活动。

（2）环保问题突出。

施工过程中产生大量的噪声、粉尘、废水、固体垃圾等污染物，给环境保护带来了极大的压力。我国建筑垃圾年排放量高达 20 多亿吨，占整个城市固体废弃物总量的 40%，建筑垃圾的过量排放、循环利用效率低，运输过程中沿途抛撒、随意倾倒等现象也较为严重。由于缺乏有效的监管与治理手段，环境违法行为也因此难以杜绝。

（3）资源浪费严重。

建筑施工活动需要消耗大量的建材、能源、水等资源。我国每年仅房屋建筑消耗的水泥、玻璃、钢材就占了全球总消耗量的 40% 左右，北方地区供暖单位面积能耗则是德国的两倍。技术工艺落后、组织管理不当、工人素质不高、质量返工频繁、建筑垃圾循环利用率较低等原因，往往会导致严重的资源浪费现象。

（4）安全事故频发。

工人身处在复杂的施工环境中，时刻面临着坠落、触电、高空坠物等安全风险问题。由于安全意识薄弱、安全培训不到位、缺乏有效的监控与预警机制等原因，建筑业频繁发生的安全事故已经成为一个严重的社会问题。

（5）工程质量难以保证。

在工程施工过程中，由于设计施工难以协同、施工工艺选用不当、建筑材料品质低劣、监督管理不到位等原因，工程质量问题频频出现，为竣工交付后埋下了安全隐患。

1.3.2 我国建筑施工企业转型升级发展的困局

长期以来，我国建筑业一直延续着劳动密集型的生产方式，主要依赖于低廉的人力成本和以包代管的生产经营模式。与其他行业相比，在技术、观念、体制等各方面都存在着较为顽固的保守性与依赖性。随着我国人口红利的淡出，从事建筑业的劳动力逐年减少，施工企业"招工难""用工荒"的现象不断加剧，劳动力价格不断提高；而另一方面，粗放的"以包代管"模式加剧了建筑工业化程度低，资源浪费严重，安全、环保、质量问题突出等弊端。因此，传统的管理模式已难以为继，迫切需要向精益化、集约化的模式转型升级。然而，目前我国施工企业的业务管理模式与信息系统架构却不具备这种转型升级的能力，主要体现在以下两个方面。

（1）施工企业缺乏对项目现场的垂直管控能力，企业经营管理流程与工程项目管理流程存在着业务鸿沟，各专业的业务信息系统没有与企业经营目标相关联，施工企业无法实时地、准确地获取项目现场数据，无法实现从项目现场到企业战略决策层的垂直方向信息集成，进而无法对施工企业经营管理层提供支持。

（2）建筑施工的专业分包机制导致了施工组织的松散性，项目各参与方之间存在信息不对称的问题，即便面对相同的项目信息也往往有着不同的理解。不同项目参与方之间涉及跨企业的协作问题，但目前的信息化水平难以实现这种跨越建筑行业价值链的业务流程整合能力，各专业信息系统之间"信息孤岛"现象严重，导致建筑行业价值链上的各个要素之间存在诸多业务流程壁垒，例如由于供应链上各环节难以协同，材料供应与生产施工节拍不一致，甚至发生停工、窝工等待等问题。

1.3.3 建筑业信息化发展滞后原因分析

与制造业相比，落后的生产组织方式，低水平的信息化、数字化能力是制约建筑业转型升级的关键因素。除了行业文化保守、观念固化，从业人员整体素质不高且普遍抵制技术创新等主观因素之外，建筑业的下列特殊性质也是阻碍建筑业信息化发展的原因。

（1）建筑产品的唯一性。

与制造业标准化的生产过程不同，由于每个建筑产品都有特定的功能和用途，在造型、结构、尺寸、设备配置和内外装修等方面都有不同的具体要求，因此无法形成标准的施工计划，也很难生成统一的产品物料需求清单。建筑产品的唯一性导致施工组织（包括业主、设计师、承包商、分包商和供应商）的临时性，施工系统实际上是一次性的生产系统。

（2）建造资源的流动性。

在施工过程中，劳动力、机械设备与建筑材料等建造资源都是在不断移动的，任务的执行通常需要不同位置的多个参与者在不断变化的环境中协同工作，作业空间、作业顺序和移动路径时常发生冲突。为实现施工自动化，需要对建造资源之间的协同机制提出更高的要求。

（3）施工过程的离散性。

与制造业中的流水线作业不同，建筑施工是一个高度离散的过程，具有非结构化的组织和非线性的工作流程。施工任务很少是按顺序执行的，相反，存在着大量的交叉作业，任务之间往往通过共享各种资源而彼此相关联。施工任务被分配给不同信息化水平的专业分包商，业主方和总承包商难以从它们那里获得准确的信息。信息流的不兼容导致参与者对项目的理解不一致，其协同工作需要耗费大量的时间和资源，进而导致了施工组织与管理的低效。

（4）施工过程的复杂性与高度不确定性。

传统的项目计划与调度方法，例如工作分解结构（WBS）和关键路径法（CPM）都将施工过程划分为一系列静态的、离散的施工任务，尽管管理者制订了详细的施工计划，但施工过程中的参与人员、设备及材料都处在不断变化的环境中，气候条件、地质条件、设计变更、供应链等多种影响因素的交互作用导致了项目的复杂性与高度不确定性，极易引起施工计划延期或资源冲突，甚至导致整个项目失控。为了应对不确定性，管理者在制订计划时通常会留下足够的冗余，但这也造成了不必要的资源浪费。

（5）施工环境的恶劣性。

与制造业整洁的工厂车间不同，建筑施工现场往往伴随着噪声、粉尘、废水和泥浆，一些地下工程还会面临着如坍塌或突水等工程地质灾害的威胁。恶劣的施工环境给信息系统的数据采集、网络通信以及精密设备的可靠性带来了巨大的挑战。此外，身处恶劣施工环境中的工人不能时刻关注周围发生的事情，缺乏实时信息往往使他们在面临危险情况时无法及时做出反应并产生不安全感，而这种不安全感又进一步阻碍了他们与施工机械协作的意愿。

1.4 新型建筑工业化与智能建造

2020年7月3日，住房城乡建设部等十三部委联合印发《关于推动智能建造与建筑工业化协同发展的指导意见》。意见提出："要围绕建筑业高质量发展总体目标，以大力发展建筑工业化为载体，以数字化、智能化升级为动力，形成涵盖科研、设计、生产加工、施工装配、运营等全产业链融合一体的智能建造产业体系"。2020 年 8 月 28 日，住房城乡建设部、教育部、科技部、工业和信息化部等九部委联合印发《关于加快新型建筑工业化发展的若干意见》。新型建筑工业化是以信息化带动的工业化，通过新一代信息技术驱动，以工程全寿命周期系统化集成设计、精益化施工为主要手段，整合工程全产业链、价值链和创新链，实现工程建设高效益、高质量、低消耗与低排放。

新型建筑工业化的"新型"主要体现在信息化与建筑工业化的深度融合、以信息化带动的工业化。进入新的发展阶段，以新一代信息技术为基础的智能建造将成为一种革命性的发展模式。从建筑业的未来发展看，新型建筑工业化将以智能建造模式为依托，摆脱对传统发展模式路径的依赖，实现专业化、协作化与集约化的工程建造社会化大生产，使整个产业链上的资源得到优化并发挥最大化的效益，全面提升工程性能和品质，实现高效益、高质量、低消耗、低排放的发展目标。

1.5　本书的主要研究内容

本书从工业革命发展历史的视角阐释智能建造的内涵，分析第四次工业革命给我国建筑业转型升级所带来的机遇与挑战。在基础理论研究层面，就智能建造的基本概念、参考架构、运行机理、集成方案、业务场景、建设路径与评价机制等问题展开研究，揭示新一代信息技术驱动建筑业创新生产组织方式的机理，推动建立智能建造基础理论体系。在政策研究层面，分析我国建筑业信息化与精益化发展滞后的原因，并探索其转型升级的发展模式与实现路径。本书后续章节安排如下：

第 2 章介绍第四次工业革命（"工业 4.0"）发生的背景，总结了物联网、大数据与云计算等新一代信息技术在建筑业中的应用，并阐释了以信息物理系统为核心的"工业 4.0"驱动技术系统体系的概念，在此基础上分析了"工业 4.0"驱动建筑业业务模式转型升级的目标与路径。

第 3 章阐述了智能建造的基本概念与内涵，构建智能建造理论框架体系并识别潜在的研究方向。在此基础上提出了智能建造系统的概念，建立智能建造系统的参考体系结构，并阐述其"泛在连接、数字孪生、数据驱动、面向服务、系统自治"的五项基本特征。

第4章梳理了实时项目计划与调度、装配式建筑供应链协同管理、数据驱动的项目成本管理、数据驱动的施工知识管理、基于数字孪生的施工安全管理、建筑垃圾排放在线监管等六项未来智能建造模式下的典型业务应用场景。

第5章提出了指导实施智能建造模式的总体方法论，涵盖六个步骤的智能建造系统建设路线图，并建立了反映智能建造系统技术的演进路径并评估其当前发展程度的能力成熟度评价机制。

第6章分析了我国智能建造领域的产业政策、企业应用、理论研究与人才培养现状，并就我国智能建造产业发展提出政策实施建议。

2 "工业4.0"背景下的建筑业

2.1 "工业4.0"：第四次工业革命

"工业4.0"的概念最早出现在德国汉诺威工业博览会上，其目的是提高德国的工业竞争力，使其在新一轮工业革命中占领先机。随后德国政府将"工业4.0"计划列入《德国2020高技术战略》中所提出的十大未来项目之一。"工业4.0"旨在充分利用信息物理系统集成人、机器、产品、系统等制造资源，通过物理生产与虚拟生产的深度融合与实时交互，实现从集中式控制到分散式生产过程的转变，从而推动制造业向智能化转型升级。德国"工业4.0"战略一经提出便受到全球的广泛关注，各制造业大国陆续发布了自己的战略发展计划，例如，美国的"工业互联网计划"、我国的"中国制造2025计划"等。如今，"工业4.0"（Industry4.0）这一术语已经成为人类历史上第四次工业革命的代名词，是继机械化、电气化及信息化之后的又一次大规模智能化浪潮，将对人类生产、生活方式产生深远的影响。

与前三次工业革命相比，"工业4.0"存在着明显的不同之处：首先，"工业4.0"并不是由某一项革命性技术引发的，而是由一系列关键技术共同驱动的。以物联网、大数据、云计算、信息物理系统为代表的新一代信息技术与人工智能技术的深度融合与协同发展，为"工业4.0"提供了良好的技术基础。其次，与前三次工业革命是在发生之后被观测到的不同，第四次工业革命是第一次在国家竞争战略需求的牵引下被事先预测到的工业革命。对我国而言，这是近代以来首次与西方发达国家站在同一起跑线上的一场竞争，因此紧紧把握住第四次工业革命，推动我国各项产业转型升级，是实现中华民族伟大复兴的重要历史机遇。此外，与前三次工业革命带来了高污染、高能耗相比，"工业4.0"的目标是建立一个可持续的生产系统，用以提高企业的长期竞争力。所谓的"可持续性"，是指"在不损害下一代能力的前提下，满足当前需求的发展"，其包含三个维度，即社会、经济和环境。"工业 4.0"致力于整合现有的生产资源与生产过程，创造可持续的工业的价值，进而推动人类社会从工业文明向生态文明迈进。

2.2 "工业 4.0"驱动技术及其在建筑业的应用

2.2.1 "工业 4.0"核心技术——信息物理系统

信息物理系统（cyber-physical systems，CPS）作为计算进程和物理进程的统一体，是集成计算、通信与控制功能于一体的新一代智能系统，它将信息技术嵌入到物理世界中，并在信息世界建立物理实体的虚拟映射，以实现计算资源与物理实体的深度融合。CPS 通过集成先进的感知、计算、通信、控制等信息技术和自动控制技术，构建了物理世界与信息世界中人、机、物、环境、信息等要素相互映射、适时交互、高效协同的复杂系统，通过物联网技术实时感知物理世界的运行状态，然后通过大数据分析、智能决策等技术在信息世界中进行仿真与预测，再以最优的策略驱动物理世界运行。如图 2.1 所示，CPS 强调信息与物理世界的双向信息交换与反馈，信息世界除了感知物理世界之外，还通过信息模型对物理世界进行反馈与控制，从而形成一个闭环系统。目前，CPS 已广泛应用于智能制造系统、智能交通系统以及智能电网等多个行业领域，成为推动第四次工业革命的核心技术，也是支撑工业化与信息化深度融合的综合技术体系。

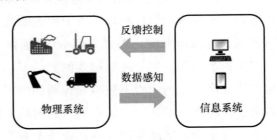

图 2.1 信息物理系统基本概念

2.2.2 建筑信息模型

建筑信息模型（building information modeling，BIM）最早是由 Autodesk 公司在 2002 年提出的，现已成为支撑建筑业"工业 4.0"理念的核心技术。BIM 采用集成的三维模型完整地表达建筑物的信息，通过整合几何、拓扑与元数据属性，实现了在组件级别上的高精度表示，并确保了建筑物生命周期中数据的唯一性。美国国家建筑科学研究所（NIBS）将 BIM 定义为"建筑项目物理和功能特征的数字表达，建筑项目信息的知识资源共享，形成其生命周期内决策的可靠基础"。经过了近 20 年的发展，BIM 技术的应用逐步深化，并深刻地影响了建筑业的发展。从三维设计、碰撞检测、施工文档生成、精确算量、4D 虚拟施工、安全技术交底、施工质量控制、竣工文档交付到后期运营维护，BIM 现已发展成为一种通过提供虚拟建筑模型及相关信息来支持项目全生命周期的技术，为项目各参与方提供了一个统一的平台，以促进他们在项目全生命周期中高效地沟通与协作。在"工业 4.0"背景下，BIM 的发展趋势是与其他新兴信息技术深度融合，以发挥其更大的潜力。

2.2.3 物联网

物联网（internet of things，IoT）是一个基于互联网、传统电信网等信息承载体，让所有能够被独立寻址的普通物理对象实现互联、互通的网络，具有普通对象设备化、自治终端互联化及普适服务智能化三个重要特征。物联网通过传感器、执行器、射频识别、激光扫描仪、无人机、可穿戴设备等技术，按照约定的通信协议实现物理对象之间无处不在的联系，从而实现对物理对象和过程的感知、识别和管理。由于消除了物理世界与网络世界彼此隔绝的问题，物联网实现了物理生产过程与信息管理过程深度融合。物联网被认为是第四次工业革命的关键推动因素。

随着各类终端设备价格的不断降低，使在施工现场大规模部署物联网成为可能。不同类型的传感器从施工现场采集包括结构的应力和位移、现场的温度与空气质量，以及智能施工设备的状态与能耗等实时监控数据。GPS、ZigBee 和 UWB 等物联网定位技术被用于施工人员定位与安全监控。射频识别（radio frequency identification，RFID）技术被应用于预制构件供应链及装配施工全过程的跟踪与管理，并实现施工质量问题的实时监管。可穿戴设备集成了传感器、摄像头和移动定位器的功能，用以监测现场工人的工作状态并向其反馈信息。物联网技术通过实现对"人、机、料、法、环"及在建工程产品本身的泛在感知，以支持更高效的性能评估、资源优化、风险监控、节能减排和项目交付。

然而，目前建筑行业的物联网应用大多是孤立的，缺乏针对建造过程的整体解决方案。如何整合多专业物联网数据以支持项目的综合监控与决策是一个值得深入研究的问题。一项有前景的发展趋势是集成 BIM 与物联网技术，通过 BIM 模型可视化展示施工现场采集的多专业数据，进而协调各方参与施工过程。此外，物联网在生产环境中的大规模部署使得实时数据采集成为可能，通过对所采集数据进行挖掘分析，可以发现新的知识与规律，预测可能发生的趋势，进而为项目管理决策提供必要的依据。

2.2.4　云计算

云计算（cloud computing）起源于一种分布式计算技术，指通过网络"云"将巨大的数据计算处理程序分解成无数个小程序，然后通过多部服务器组成的系统处理和对这些小程序的分析，得到结果并返回给用户。经过多年的发展与演进，现阶段的云计算已经成为一种融合了分布式计算、效用计算、负载均衡、并行计算、网络存储、热备份冗杂和虚拟化等技术的互联网计算模式，可以提供按需访问的资源共享池。维基百科中对云计算给出了如下定义："云计算是一种基于互联网的计算方式。通过这种方式，共享的软硬件资源和信息可以按需求提供给计算机或其他设备，就像我们日常生活中的用水或用电一样，按需付费，而无须关心水、电是从何而来的"。如图 2.2 所示，云计算平台提供三种服务模式。

（1）基础设施即服务（infrastructure as a service，IaaS）。

IaaS 是云计算主要的服务类别之一，向提供商的个人或组织提供虚拟化计算资源，如虚拟机、存储、网络和操作系统，将硬件设备等基础资源封装成服务以供用户使用。在 IaaS 环境中，用户相当于在使用裸机和磁盘，既可以让它运行 Windows 操作系统，也可以运行 Linux 操作系统。IaaS 的最大优势在于它允许用户动态申请或释放节点，按使用量计费。而 IaaS 是由公众共享的，因而具有更高的资源使用效率。

（2）平台即服务（platform as a service，PaaS）。

平台即服务是一种服务类别，为开发人员提供通过全球互联网构建应用程序和服务的平台。PaaS为开发、测试和管理软件应用程序提供按需开发环境。PaaS提供用户应用程序的运行环境，典型的如Google App Engine等。PaaS自身负责资源的动态扩展和容错管理，用户应用程序不必过多考虑节点间的配合问题。但与此同时，用户的自主权降低，必须使用特定的编程环境并遵照特定的编程模型，只适用于解决某些特定的计算问题。

（3）软件即服务（software as a service，SaaS）。

SaaS的针对性更强，它将某些特定应用软件功能封装成服务，通过互联网提供按需软件付费应用程序，云计算平台提供商托管和管理软件应用程序，允许其用户连接到应用程序并通过全球互联网访问应用程序。SaaS既不像PaaS一样提供计算或存储资源类型的服务，也不像IaaS一样提供运行用户自定义应用程序的环境，它只提供某些专门用途的软件服务供其他应用程序调用。

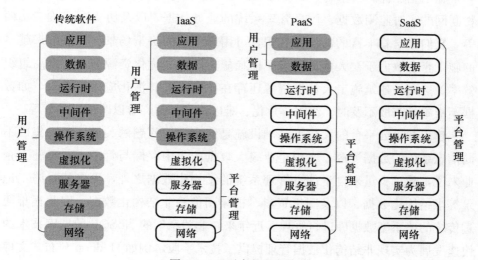

图2.2 云平台的服务模式

得益于计算资源的高度整合与可扩展特性，云计算已成为被各个行业广泛采用的一种信息基础设施。通过与云技术集成，物联网可以受益于几乎无限的虚拟计算资源，以克服其自身设备数据处理能力的限制，实现可扩展的应用。云服务计算资源的弹性也可以满足特定应用的扩展需求，能够集成多种智能技术，解决建筑施工因离散性而导致的过程信息不透明问题。通过访问部署在云平台上的 BIM 模型，可以使所有项目参与方以统一的视角分析和处理工程问题，并能实现跨项目的信息共享与协作，从而改变原本各自为战的状态，促进建筑产业链的高效整合。

2.2.5　大数据

随着信息系统与物联网等技术的广泛应用，数据的可获取性越来越强，大数据现象随之出现。麦肯锡咨询公司将大数据定义为"一种规模大到在获取、存储、管理、分析方面大大超出了传统数据库软件工具能力范围的数据集合，具有海量的数据规模、快速的数据流转、多样的数据类型和较低的价值密度四大特征"。由于传统的数据处理工具难以有效地捕捉、管理和分析大数据资源，因此必须引入新的数据处理模式，为科学决策提供及时准确的洞察力。

施工企业拥有大量的数据资源，例如工程设计资料、施工过程管理文档、物联网的实时监测数据、信息管理系统的业务数据，以及历史项目竣工文档等，它们蕴含着丰富的信息和知识，可用于不同的决策场景。目前越来越多的施工企业致力于在大数据环境下监控施工进度、优化资源配置、提高组织效率。然而，建筑施工大数据资源还存在一些阻碍其深化应用的障碍，如数据不准确、获取不及时、组织碎片化、难以追溯来源、难以跨组织共享等。

建立基于云平台的大数据基础设施是解决上述问题的关键，通过集成不同信息系统的数据资源，实现企业级大数据的集中存储与管理。对于施工企业来说，除了少量来自于信息管理系统的结构化数据之外，更多的是施工记录等半结构化数据，以及图纸资料、视频图像等非结构化数据，因此很难通过传统的关系型数据库进行管理。近年来，非关系型的 NoSQL 数据库技术的快速发展为实现非结构化数据管理提供了技术手段，例如 Hadoop 分布式文件系统（HDFS）、MapReduce、Spark、HBase 和 Hive 等工具。此外，工业基础类（industrial foundation classes，IFC）作为建筑行业事实上的通用数据标准，为解决施工管理大数据面临的异构数据集成问题提供了一种解决方案，将不同来源的数据资源统一转换为 IFC 格式进行存储，从而实现多源数据集的融合。

大数据应用的意义在于通过挖掘分析隐藏在海量数据中的价值，以揭示未知的相关性、识别隐藏的模式并预测未来的趋势，因此大数据分析（big data analytics，BDA）技术应运而生。常用的 BDA 方法包括统计分析、在线分析处理（OLAP）、数据挖掘以及数据可视化等。统计分析和 OLAP 基于关系数据库（或数据仓库）的结构化查询语言（SQL），适用于处理工程管理信息系统中的结构化数据。数据挖掘则是通过一系列算法提取隐藏在数据中的有价值信息的过程。数据挖掘算法与机器学习密切相关，将在本章 2.2.9 节展开详细地讨论。数据可视化是以图形、图表或动画的形式清晰地展现关键数据及其特征，以支持管理者洞察复杂的工程规律。总而言之，在施工过程中利用 BDA 可以集成更多的管理维度，以支持智能化的分析决策。

2.2.6 数字孪生

密歇根大学 Michael Grieves 教授首次提出了数字孪生（digital twin，DT）的概念，他认为通过物理设备的数据，可以在虚拟空间中构建一个表征该物理设备的虚拟实体及其子系统，并且这种联系并不是单向或静态的，而是贯穿于产品的整个生命周期中。美国国防部最早将数字孪生技术应用于航空航天飞行器的健康监测与维护中，并将其定义为"以数字方式创建的物理实体的虚拟模型，以反映其信息并模拟其在真实环境中的行为"，如图 2.3 所示为飞机发动机的数字孪生。换而言之，数字孪生就是针对物理世界中的物体，通过数字化手段在虚拟世界中构建一个它的"双胞胎兄弟"，用于实时监控、模拟仿真其行为，并根据经过分析、优化后的策略驱动其在物理世界中运行。

图 2.3 飞机发动机的数字孪生

数字孪生集成了 3D 建模、传感器数据更新、运行历史数据分析等技术，形成了多学科、多物理量、多尺度的仿真过程，在虚拟空间中完成映射，从而反映相对应物理实体的全生命周期过程。事实上，BIM 模型即为建筑物在信息空间中的虚拟模型，如图 2.4 所示。但不同之处在于，数字孪生更强调物理实体和虚拟模型之间的信息融合与实时交互。为了实现这个目标，应将 BIM 技术与物联网、大数据、人工智能等 "工业 4.0" 驱动技术相结合，将物联网采集到的实时监控数据集成到云端的 BIM 模型，在 BIM 模型中监控施工现场的状态，执行仿真模拟，并利用多源数据进行综合分析，结合智能算法形成优化决策方案，最后将控制信息发送到现场指导施工作业。

图 2.4　基于 BIM 的建筑物虚拟建造模型

2.2.7　面向服务的体系结构

在软件工程领域中，服务（service）是指一种自包含、自描述的应用程序功能，可被其他应用程序通过开放的标准找到并访问。面向服务的架构（service-oriented architecture，SOA）是一种组件模型，它将应用程序拆分成服务，并通过这些服务之间定义良好的接口和协议联系起来。SOA 的基本理念是让所有信息系统中需要整合的业务通过服务和接口联系起来，而接口是中立的，与开发平台和编程语言无关。SOA 架构旨在整合企业各类异构的信息系统，消除 "信息孤岛" 现象，从而能够快速地响应业务需求。SOA 架构为施工企业业务集成，实现工程建造的平台化奠定了基础。

如图 2.5 所示，显示了一种企业的通用 SOA 体系架构模型，其中企业服务总线（enterprise service bus，ESB）是用于构建 SOA 解决方案的关键，是由中间件技术实现并支持 SOA 的一组基础架构功能。ESB 支持异构环境中的服务、消息以及基于事件的交互，提供了连接企业内部或跨企业间的新、旧软件应用程序的功能，以一组丰富的功能启用管理和监控应用程序之间的交互。ESB 作为 SOA 模式的一种基础设施，消除了服务请求者与服务提供者之间的直接连接，使得服务请求者与服务提供者之间进一步解耦，集成不同的系统（包括遗留系统），并将它们映射为 Web 服务，再将功能从服务提供者转移到服务使用者。

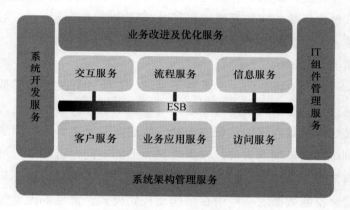

图 2.5 通用 SOA 体系架构模型

2.2.8 移动互联网

移动互联网是移动通信技术与互联网技术相融合的产物。通过移动互联网，用户可以使用手机、平板电脑、智能穿戴设备等移动终端设备随时随地访问互联网，并使用网页浏览、文件下载、位置服务、视频浏览与下载等应用服务。随着 5G 网络的普及，移动互联网正在迅速地融入到人们工作与生活的各个领域，深刻地改变了信息时代的社会面貌。

借助智能化的客户端实现各项网络信息的获取，使得移动互联网发展成为一种新型的业务模式，以实现不同行业业务运营的网络平台化。由于工程建设参与方众多，且分散在不同的地理位置，项目管理人员的日常工作也多在施工现场而非固定的办公位，这就决定了建筑施工对移动互联网技术有较大的应用需求。因此，可利用云端服务器对项目的文档资料进行综合管理，并针对项目各参与方设置不同的访问权限，实现信息的集中管理、安全存储与快速分发。项目各参与方人员可以通过移动客户端访问云端的工程项目文件，实现文档项目资料的多方共享与协同管理。

2.2.9 人工智能

人工智能（artificial intelligence，AI）是研究与开发用于模拟、延伸和扩展人的智能的理论、方法、技术及应用系统的一门新的技术科学。它是计算机科学的一个分支，试图了解人类智能的实质，并生产出一种能以人类智能相似的方式做出反应的智能系统或机器，其研究领域涉及机器学习、智能算法、推理技术、多智能体系统和计算机视觉等方面。

（1）机器学习。

机器学习是人工智能的一个重要子领域，它使计算机能够模拟人类的学习能力，通过总结复杂现象而独立地获取新的知识。机器学习是人工智能的核心，是使计算机具有智能的根本途径。从现实意义上讲，机器学习是一种通过数据训练预测模型的方法。根据数据类型的不同，机器学习可分为无监督学习和有监督学习两种。对于无监督学习来讲，数据没有被标记，而学习模型被设计来推断数据的一些内在结构或规则模式。常见的无监督学习方法包括关联规则获取和聚类等。在有监督学习中，输入数据被称为"训练数据"，每组训练数据都有一个清晰的标签。常见的有监督学习方法包括回归分析、决策树、支持向量机（SVM）及人工神经网络（ANN）等。深度学习是机器学习领域的一个新的研究方向。随着训练数据量的不断增加和计算资源的日益廉价，人工神经网络被用来构建更复杂的神经网络进行深度学习。代表性的深度学习模型包括深度信念网络（DBN）、递归神经网络（RNN）、卷积神经网络（CNN）、长短期记忆人工神经网络（LSTM）以及它们的组合模型。

（2）智能算法。

优化问题广泛存在于施工管理过程中，例如施工现场布置、施工方案选择、项目进度计划、供应链优化等，虽然它们在理论上可以求得其最优解，但在面对复杂的工程问题时，计算成本往往是不可接受的。此外，许多工程问题通常用非常模糊的术语来描述，很难用精确的模型来表达。近年来，智能计算被引入工程问题的求解中,利用具有启发式特征的智能算法,在可接受的计算资源范围内获得近似的最优解。所谓"启发式算法",是指一种受自然规律或面向问题的经验和规则启发的算法,能够以合理的成本提供可行的解决方案。常用的启发式算法有遗传算法、蚁群算法、模拟退火算法和粒子群算法等。由于具有强大的并行计算和全局搜索能力,以及自适应能力和鲁棒性,智能算法被广泛应用于复杂工程问题的优化中。常见的智能算法及其在施工领域的部分典型应用见表2.1。

表 2.1 智能算法在建筑施工中的部分应用

算法名称	算法描述	应用
遗传算法	模仿自然界的进化机制	结构设计优化,进度计划优化
粒子群算法	模拟鸟或鱼的行为	建筑能耗优化,进度计划优化
蚁群算法	模拟蚂蚁的集体路由行为	施工现场布置优化,施工安全规划,建筑垃圾排放量估算
模拟退火算法	模拟退火过程	施工现场布置优化,项目资源优化
禁忌搜索算法	模拟人类的记忆过程	进度计划优化,项目资源优化
差分进化算法	通过个体间的竞争与合作优化搜索	进度计划优化,项目资源优化

尽管如此,目前智能算法的应用仍然存在一定的局限性。例如,它们通常依赖于使用者的经验而缺乏严格的数学基础,缺乏有效的迭代停止条件,收敛速度难以控制等。为了克服这些局限性,一方面,启发式算法的基础理论还有待进一步研究,未来应建立起统一的理论体系;另一方面,对于具体的工程问题,它们应该与其他智能技术相结合,以克服启发式算法的缺点。

(3)推理技术。

推理技术是决策支持领域的一个重要分支。自20世纪80年代以来,许多学者试图通过基于规则推理(rule-based reasoning,RBR)机制建立专家系统,以辅助施工管理的决策,体系结构如图2.6所示。专家系统的性能取决于它所包含的知识规则,然而规则的数量毕竟是有限的,但工程问题发生时可能出现的情况却是无限的。由于缺乏足够的规则,早期的专家系统在建筑行业的应用并不十分成功。随着大数据时代的到来以及机器学习的兴起，使得基于历史数据的自动知识获取成为可能。然而，建筑业的知识往往具有模糊性和不确定性，很难使用精确的规则来表达。模糊推理，也称为近似推理，是一种从不精确的前件集中提取可能的不确定结果的推理过程。近年来，出现了许多基于模糊推理的施工管理专家系统，应用于如风险评估、生产率预测和成本分析等辅助决策等施工管理领域。模糊推理的优点是适应性和鲁棒性强，可以用于启发式推理和探索性推理，因此适用于处理复杂和不确定的工程问题。

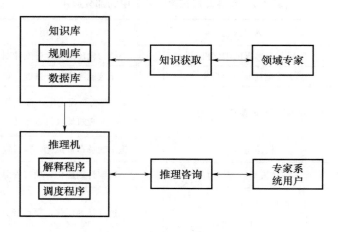

图 2.6　专家系统体系结构

在工程管理实践中，专家往往根据自己的经验作出判断和决策。专家之所以经验丰富，因为他们经历并解决过许多工程案例。当遇到新的工程问题时，他们会与记忆中的案例进行对比，分析其异同，并获得启发。这个过程其实是一种案例检索和重用的机制。基于案例推理（case-based reasoning，CBR）是一种通过计算机模拟人类的类比思维的人工智能技术，其推理过程如图 2.7 所示，通过在案例数据库中检索和重用相似案例，为解决新问题提供参考方案，特别适用于理论知识难以表达或因果关系难以把握，但已积累了大量历史数据的领域。与专家系统相比，CBR 不需要明确的知识规则，而是直接从历史数据中获取经验，随着建筑业大数据基础设施的建立以及数据资源的不断积累，CBR 技术将逐渐获得优势。近年来，案例推理逐渐应用于建设项目的施工方案设计、成本估算、招标投标、合同管理和风险评估等领域。

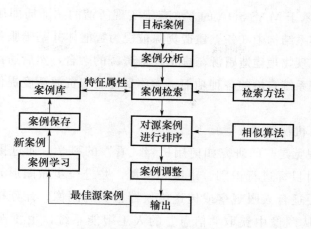

图 2.7 基于案例推理过程

（4）多智能体系统。

在分布式人工智能领域，智能体（agent）是指一些具有信念、意图、承诺等认知特性，在一定环境下能持续自主发挥作用，逻辑上相对独立的智能计算实体。如图 2.8 所示，智能体能够利用传感器感知所处的环境（物理世界、信息环境等），并通过执行器实时地对环境做出应答。智能体的三个要素是知识、目标和能力，其智能特性表现为能够进行高级问题求解，可随环境变化修改自己的目标、学习知识并提高能力。在建筑施工场景中，智能体可以是施工人员、建筑机器人、智能施工设备等物理建造资源，也可以是 BIM 模型、业务信息系统软件等虚拟建造资源。

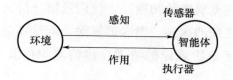

图 2.8 智能体与环境交互示意图

多智能体系统（multiple agent system，MAS）是由在一个环境中交互的多个智能体组成的计算系统，用于解决单个智能体难以解决的问题。MAS 提供了一种分布式看待问题的视角，将控制权限分布在各个智能体上，通过智能体之间的协商、协调与竞争实现自组织机制，并根据环境变化做出自适应调整。MAS 可以与 SOA 集成以形成基于 SOA 的分布式智能体网络，即

MAS-SOA。基于 MAS-SOA 的方法有望实现所谓的"即插即用"型建造系统，在这种体系结构中，各类建造资源被视为智能体并基于服务机制将其封装为服务，实现物理建造资源与虚拟建造资源的融合，然后通过多智能体之间的协作实现系统自治的各种功能，为项目计划与资源调度提供合适的解决方案。

（5）计算机视觉。

计算机视觉是一门研究如何用机器"看"的科学，通过摄影机与计算机代替人眼对目标进行识别、跟踪和测量，并进一步做图形处理，使计算机处理成为更适合人眼观察或传送给仪器检测的图像。计算机视觉技术试图建立能够从图像中获取"信息"的人工智能系统，主要涉及以下 3 项技术：

① 图像处理。图像处理是指把输入图像转换成具有所希望特性的另一幅图像。例如，可通过处理使输出图像具有较高的信噪比，或通过增强处理突出图像的某些细节，以便于操作人员的检验。在计算机视觉研究中，经常利用图像处理技术进行预处理和特征抽取。

② 模式识别。模式识别技术是根据从图像抽取的统计特性或结构信息，把图像分成给定的类别。例如，文字识别或指纹识别。在计算机视觉中，模式识别技术经常用于对图像中的某些部分，如分割区域的识别与分类。

③ 图像理解。对于给定的一幅图像，图像理解程序不仅描述图像本身，而且描述和解释它所代表的景物，以便对其所包含的内容作出解释。因此，在人工智能视觉研究的初期经常使用景物分析这个术语，以强调二维图像与三维景物之间的区别。图像理解除了需要复杂的图像处理技术以外，还需要具有关于景物成像的物理规律的知识以及与景物内容有关的知识。

在建立计算机视觉系统时需要用到上述有关技术，但计算机视觉研究的内容要比这些学科更为广泛。计算机视觉研究与人类视觉研究密切相关，为建立与人类视觉系统相类似的通用计算机视觉系统，还需要建立人类视觉的计算机理论。从工程实践角度来讲，计算机视觉技术可以用来替代人类视觉完成某些任务。例如，用于进度监控和调度、区分施工设备并跟踪设备的运行状态等。计算机视觉技术还可以应用于施工人员的身份识别、定位与跟踪、作业姿态与安全防护措施的识别等领域。如图 2.9 所示，可通过计算机视觉技术识别工人是否佩戴安全帽。

图 2.9 计算机视觉识别工人是否佩戴安全帽

2.2.10 施工自动化与机器人技术

自 20 世纪 60～70 年代以来，自动化技术与机器人系统在制造业领域逐渐推广应用，已被证明可以有效地降低劳动力成本，同时提高生产效率和产品质量。对于建筑业这种劳动密集型的行业，施工自动化与机器人技术还具有使建筑工人免于执行危险任务、减少劳动伤害等优势。然而，施工过程的动态性与高度离散性决定了机器人执行任务的复杂性要比在其他行业高得多，这也是其在建筑业应用的主要挑战。施工自动化与机器人技术可分为以下 4 大类。

（1）场外自动化预制系统。

第一类是预制构件加工厂生产系统。场外自动化预制系统以自动化方式生产混凝土构件、钢桁架、墙板、地板及楼梯等预制构件。常用的自动化生产设备包括型材搬运机器人、钢筋焊接机器人、组模与脱模机器人等，如图 2.10 所示。由于采用工厂化生产模式，可以参考、借鉴生产制造业的技术和经验开发预制构件的生产自动化与机器人系统。

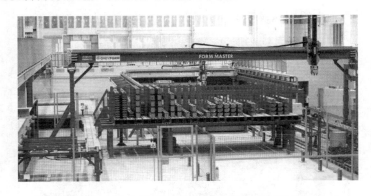

图 2.10　预制构件工厂中的组模与脱模机器人

（2）现场施工自动化与机器人系统。

可直接在施工现场用于建造活动的自动化与机器人系统，通常安装在可移动的平台上，用于在施工现场执行建造任务。如图 2.11 所示为麻省理工学院研发的太阳能驱动现场施工机器人。然而，目前现场施工机器人距离产业化应用还有一定距离，主要因为一些技术问题尚未得到解决，如灵活性与鲁棒性不足，需要额外的安全保护措施，并且难以与工人协同工作，缺乏与前后工序之间的整合等。未来的研究应通过增强人机交互能力来提高建筑机器人的实用性，特别是建立良好的人机界面以及人机交互作用机制，从而使工人与机器人系统协同地完成更复杂的施工任务。

图 2.11　太阳能驱动现场施工机器人

（3）无人机与自动车辆。

无人驾驶飞机简称"无人机"（unmanned aerial vehicle，UAV），是利用无线电遥控设备和自备的程序控制装置操纵的不载人飞机，如图2.12所示。无人机在建筑施工领域主要应用于测量和监控任务，例如用于自动检测桥梁裂缝，进入极端恶劣环境取样或者搭载摄像机航拍施工现场并收集进度监测数据等。

自动车辆包括可遥控驾驶或自动驾驶的车辆，在采矿行业应用较为广泛，但是对于更为复杂的建筑施工作业来讲，自动车辆的应用仍然面临着许多挑战。目前建筑业的自动车辆主要通过GPS进行定位，应用于执行材料的自动挖掘、拆除与运输等任务，如图2.13所示的用于土石方工程的无人驾驶挖掘机等。

图2.12 搭载摄像机的无人机

图2.13 无人驾驶挖掘机

（4）外骨骼助力机器人。

外骨骼助力机器人严格地讲是一种可穿戴的机械装置，可以与工人协同工作以增强其能力。如图 2.14 所示，外骨骼助力机器人可以帮助建筑工人减少工作强度，帮助他们举起重物、减少疲劳，从而提高其工作效率。外骨骼助力机器人的另一个优势在于它有助于建筑工人的职业健康，因为执行重复性的高强度体力劳动可能对他们身体造成较大的伤害甚至会导致残疾。此外，外骨骼机器人还可以应对建筑工人老龄化所带来的挑战，使中老年工人能够继续胜任现场体力要求较高的工作。从这个意义上说，在没有完全实现无人化施工之前，可以预见机器人、自动化系统和增强型工人将协同地进行工作。未来外骨骼助力机器人需要实现高度的自动化，并且在人机协作方面还有相当大的提升空间。然而在建筑工程施工中广泛应用外骨骼机器人，目前高成本、能源效率、安全性、耐久性和舒适性等许多问题仍有待解决。

图 2.14　外骨骼助力搬运机器人

2.2.11　点云三维重建技术

三维重建技术通过深度数据采集、预处理、点云配准融合、曲面生成等过程，将真实场景描述为符合计算机逻辑表达式的数学模型，其关键在于如何获取目标场景或目标物体的深度信息。所谓点云（point cloud），是指从 3D

坐标系中的数据源获得的一组数据点，用于表示对象的外表面。当一束激光照射到物体表面时，反射的激光会携带方位、距离等信息。若将激光束按照某种轨迹进行扫描，便会边扫描边记录反射的激光点信息，由于扫描极为精细，能够得到大量的激光点，从而形成激光点云图像。

基于点云三维重建技术的施工进度监控是快速发展的一个关键领域。如图2.15所示，通过激光雷达扫描建筑物的外表面，在经过点云数据的配准及融合后，实现建筑物的三维重建。然而，三维表面模型仅呈现出建筑物的表面形状，却不包含其他的属性信息，因此必须将其转化为信息丰富、面向对象的BIM模型，即实时建造模型。手动转换费时且容易出错，最近的一些研究提出了从无组织的点云中自动提取建筑物几何图形的方法，通过识别与建筑相关的组件并将它们自动转换为具有对象属性的实体组件，从而自动创建实时建造模型。实时建造模型可以作为在建建筑物的数字孪生体，用以检查计划进度与实际进度之间的偏差，在此基础上还可以实现对施工过程进行监控、仿真分析与优化（详见本书第3章内容）。

图2.15 激光点云生成建筑物3D模型

2.2.12 虚拟现实与增强现实

虚拟现实（virtual reality，VR）又称为灵境技术，是20世纪发展起来的一项新兴技术。虚拟现实技术涉及计算机、电子信息、仿真技术，其基本实现方式是通过计算机模拟虚拟环境从而给人以环境沉浸感。在建筑工程中，可以通过使用虚拟现实环境来使项目参与者可视化地理解工程问题，以减少不确定性。在设计阶段，虚拟现实技术可用于风险评估、空间布局、照明设计和景观美化；在施工阶段，可用于施工方案评估、施工调度、现场布局、分包商协调以及工人安全培训。如图 2.16 所示，将 BIM 与 VR 技术相结合开发一个虚拟的施工环境，使项目参与者能够从第一人称的视角理解项目信息，并能为危险作业人员创造一个安全无风险的培训环境。

图 2.16　基于 BIM＋VR 技术的施工人员培训

增强现实（augmented reality，AR）是一种实时地计算摄影机影像位置及角度并加上相应图像的技术，其目标是将真实世界信息和虚拟世界信息"无缝"集成，在屏幕上把虚拟世界套在现实世界并进行互动。它在保持虚拟世界灵活性的同时，建立了虚拟世界与现实世界之间的联系。借助于增强现实技术，可以将虚拟信息无缝地集成到真实场景中，从而增强人类对环境的感知深度以及控制外部世界的能力。在施工过程中，利用增强现实技术将虚拟信息叠加到真实的施工环境中，使工人直观地获得环境状态，进而更好地理解操作程序与安全规程。如图 2.17 所示，通过 AR 技术将浇筑混凝土后的虚拟场景覆盖到真实的施工环境中，以帮助现场施工人员理解施工工艺。

(a) 真实的施工场景　　　　　　(b) 叠加虚拟信息后的场景

图 2.17　AR 技术在混凝土浇筑中的应用

为了在复杂的施工环境中部署增强现实技术，下列关键技术问题仍有待进一步研究：

（1）在施工现场中的精确定位技术。

（2）由于工人面临繁重的施工任务，他们需要使用便携式的可穿戴设备与增强现实应用程序进行交互，并允许他们通过如语音或手势等方便的方式发送指令。

（3）BIM 和 AR 技术相结合将有助于将控制信息反馈到施工现场，尤其是在室内环境中。

（4）在云平台中结合大数据技术部署增强现实应用程序，将有助于工作人员获得更多和现实一致的虚拟信息。

2.3 "工业 4.0" 驱动技术的系统体系

在"工业 4.0"背景下，各项新兴智能技术将成为建筑业智能化转型升级的重要驱动力。物联网技术提高了建造过程的可追溯性，应用于施工进度、质量、安全及环保监控，以及建筑机器人与智能施工设备的状态监测，当发生异常或扰动时得到实时反馈。物联网实时采集的流式数据与 BIM 集成，结合三维重建技术形成动态更新的实时建造模型，即物理建造过程的数字孪生体，用于建造过程的可视化监控与仿真模拟。工程建造过程中产生的大量数据，如工程设计数据、建造过程监控数据以及施工企业信息系统的业务数据，构成了企业级的大数据资源，面向建筑施工领域的人工智能算法将通过对大数据挖掘分析，为项目管理知识发现及建造过程趋势的预测提供决策支持。云平台为 BIM、物联网与大数据应用提供了弹性且可扩展的计算环境，将工程建设全生命周期的各项活动集成在统一的平台上，使所有项目参与者通过移动互联网获取所需的信息，从而以统一的视角分析处理工程问题，而虚拟/增强现实技术则进一步增强了他们信息获取与协同工作的能力。在云平台中基于面向服务的体系架构将各项技术系统封装为服务，建立异构系统之间的互操作性，通过收集施工现场各项数据进行分析、模拟与优化，并将优化后的控制信息发送给现场人员与机器人设备，驱动其完成施工作业。

综上所述，不同智能技术在建筑施工领域的发展并不是随机的，而是遵循着一定客观规律，即由单一技术碎片化的应用向多项技术集成应用的方向演进。可以预见，未来的演进方向将是以 CPS 系统为核心，通过整合物联网、大数据、云计算、BIM、数字孪生、人工智能、建筑机器人等"工业 4.0"驱动技术，进而形成如图 2.18 所示的集成化的系统体系（system of systems，SoS），通过"信息物理"融合以提高施工组织与管理的透明性、协同性与可预测性。

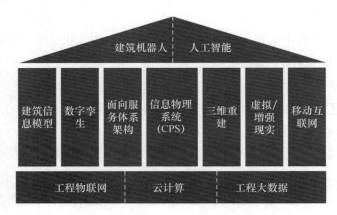

图 2.18　"工业 4.0"驱动技术集成系统体系

注：目前国内学术界对于 System of Systems（SoS）的概念尚未形成被统一认可的中文术语，在本书中将其翻译为"系统体系"。维基百科将系统体系定义为"是面向任务（或以任务为导向）的多个系统的集合，这些系统通过共享资源与能力，构成一个新的更复杂的系统，与多个系统的简单叠加相比，具有更强大的功能和性能"。

关于建筑施工 CPS 系统体系，目前国内外学者已经开展了一些前瞻性的探索。如图 2.19 所示为参考文献［12］提出的一种建筑施工 CPS 系统概念性体系结构，用于提高施工组织与管理的整体能力。在这个体系结构中，物理空间是一个灵活且可重构的结构，所有的建造资源都是即插即用的，同构资源可以相互替代，异构资源可以协同工作，任何一个资源的接入或移除都不会影响系统的整体性能。物联网将物理建筑工地与信息空间连接起来，实现信息空间与物理空间的紧密结合。信息空间部署在云中，云平台为大数据存储与分析提供 PaaS 服务，并为应用软件（例如 BIM、企业信息系统及决策支持系统）提供 SaaS 服务。基于云的解决方案允许所有参与者通过不同的终端设备（例如移动终端或可穿戴设备）快速访问 CPS，以获取其感兴趣的信息。CPS 通过监测和控制物理过程，采集、处理、分析和存储大数据资源，从而形成一个动态的、数据驱动的基础设施，将有助于快速响应施工环境的变化，同时满足现代施工对敏捷性的要求。该 CPS 架构通过构建一套信息空间与物理空间之间基于数据自动流动的状态感知、实时分析、科学决策、精准执行的闭环赋能体系，进而解决建造过程中的复杂性与不确定性问题，提高建造资源的配置效率。

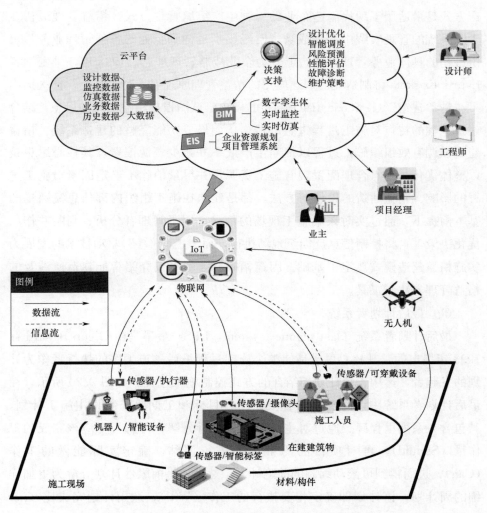

图 2.19　建筑施工 CPS 系统概念性体系结构（参考文献［12］）

2.4 "工业4.0"背景下的新型建造模式

2.4.1 精益管理与精益建造

精益管理是麻省理工学院詹姆斯·沃麦克教授等专家通过对全世界17个国家的90多个汽车制造厂进行调查和对比分析，认为日本丰田汽车公司的生产方式是最适用于现代制造企业的一种生产组织管理方式。精益管理最初在生产系统的管理实践中获得成功，已经逐步延伸到企业的各项管理业务，也由最初的具体业务管理方法，上升为企业战略管理理念。1993年，丹麦学者Lauris Koskela将制造业已成熟应用的精益管理原理引入到建筑业，首次提出了"精益建造"（lean construction）的概念，试图根据精益生产的思想，结合建筑工程的特点对施工过程进行改造，从而形成功能完整的建造系统。精益建造强调有效组织施工过程以提高生产效率并减少资源浪费，其核心思想是以整体优化的观点合理配置现有施工资源，并尽量消除不确定因素对施工过程的影响。精益建造的思想与方法，都是建立在施工组织内部信息流通畅的基本前提下，通过实时采集施工现场的信息，用于管理者分析、判断并作出优化决策，再将控制信息反馈至现场执行，而"工业4.0"驱动技术的发展为实施精益建造模式奠定了基础。因篇幅限制，本书仅介绍智能建造所涉及的精益管理方法与工具。

（1）最后计划者系统。

最后计划者系统（last planner system，LPS）最早是由Glenn Ballard在1993年提出的，其核心思想是使整个施工过程最后一道工序的执行者作为计划的发起者，运用长短计划相结合的方式控制施工过程。如图2.20所示，在最后计划者系统中，高层管理者根据项目目标和工期要求制订主施工计划，其包含一系列里程碑。通过对主施工计划进行分解，得到一个应该完成的工作量（Should），再对项目的约束条件进行评估，确定实际能做的工作（Can），进而得到可滚动编制的前瞻计划。然后，将前瞻性计划分解为更加详细的周计划，该计划即确定将要执行的工作（Will）。运用计划完成比（per plan completed，PPC）指标对执行者每周期实际完成计划的情况（Did）进行分析，并向前反馈，依此对主施工计划做出适当的调整，并滚动编制下一周期的前瞻计划。

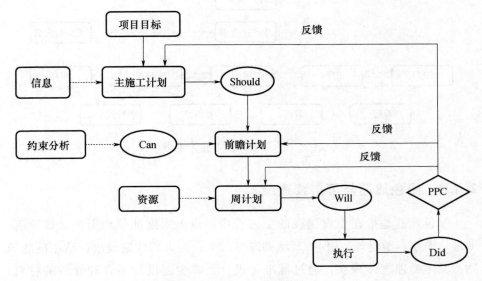

图 2.20　最后计划者系统

（2）准时化施工。

准时化（just in time，JIT）是精益管理理论一个重要的概念，其基本思想是在需要的时候按照需要的量生产所需要的产品。实现准时化施工的关键在于确保材料供应链的稳定性，材料若供应不及时，会导致施工人员及设备闲置，并影响工程进度；若供应过快，则会导致库存积压浪费。因此，准时化施工要求通过不断地平衡物流，以减少库存并消除浪费。

"拉动式"生产方式是实现准时化施工的重要技术载体，与前一工序将零件生产出来后推给后一道工序加工的"推动式"生产方式不同，在拉动式生产中，后一工序根据实际需要加工多少产品，则要求前一作业生产正好需要的零件。如图2.21所示，"看板"是实现准时化拉动式生产的重要工具，不同工序间通过看板向前一道工序的工人传递零件需求量等信息。在实际工程中，看板可以是卡片、图板或电子信号平台，随着数字化技术的不断进步，便携式移动网络终端、AR眼镜等可穿戴设备都可以作为现场施工人员的看板平台。

35

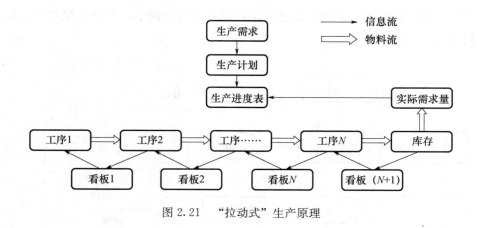

图 2.21　"拉动式"生产原理

2.4.2　绿色建造与可持续建造

　　绿色建造是指在工程建设的全过程中，最大限度地节约资源（如节能、节地、节水、节材等）、保护环境和减少污染，为人们建造健康、适用的建筑物。其主要理念体现在：通过标准化设计，减少因设计不合理导致的材料、资源浪费；通过工厂化生产，减少现场湿法作业带来的建筑垃圾与污水排放；通过装配化施工，减少噪声排放、现场扬尘、运输遗洒，提高施工质量与效率。正所谓"绿水青山就是金山银山"，合理利用自然资源、保护生态环境是现代工业文明的主要标志。绿色建造是建筑业整体素质的提升，是现代工业文明的主要标志。将绿色建造理念贯穿到工程建设的全过程是新型建筑工业化的重要目标，同时也是提升建筑业整体素质、改善行业形象的重要手段。

　　然而，绿色建造是一项系统性的工程，不能单纯地为追求绿色环保而过度牺牲经济效益与社会效益，近年来国内外一些学者主张应采用可持续发展的理念推动建筑业健康发展，即提出了可持续建造模式。所谓"可持续性"，是指在不损害下一代人能力的前提下，满足当前发展的要求。可持续建造被视为建筑业实现可持续发展的一种途径，其同时考虑到环境、社会、经济和文化等问题。推进可持续建造模式是实现建筑业转型升级的内在需求。可持续建造模式的理念主要围绕资源节约和循环利用，减少污染，创造安全的施工环境，从而在平衡经济效益和社会效益的同时，最大限度地减少施工对环境的影响。由于建筑工程具有独特性、离散性、动态性和复杂性等特点，促进建筑业的可持续发展需要密集的跨学科知识、复杂的设计与分析，以及各利益相关方之间的密切合作。随着"工业 4.0"时代的到来，新兴智能技术为推动可持续建造模式创造了新的契机。通过智能技术实现信息资源共享与施工过程优化，为可持续施工提供有效的解决方案，在经济利益、环境保护及社会发展之间建立平衡，以合理的经济成本最大限度地减少资源消耗和环境污染，并减少各类安全事故的发生。

2.4.3 工程总承包模式

工程总承包模式是项目业主为实现项目目标而采取的一种承发包方式。即从事工程项目建设的单位受业主委托，按照合同约定对从决策、设计到试运行的建设项目发展周期实行全过程或若干阶段的承包。目前我国主要采用设计采购施工总承包（engineering procurement construction，EPC）模式，它是由业主方将工程的设计、采购、施工全部委托给一家工程总承包商，总承包公司对工程全面负责。在 EPC 模式中，engineering（设计）不仅包括具体的设计工作，还包括整个建设工程内容的总体策划以及整个建设工程实施组织管理的策划和具体工作；procurement（采购）也不是一般意义上的建筑设备材料采购，而更多的是指专业设备、材料的采购；construction（施工）其内容包括施工、安装、试测、技术培训等工作。EPC 总承包商可以把部分设计、采购和施工任务分包给分包商承担，由总承包商与分包商之间签订分包合同，分包商对工程项目承担的义务通过总承包商对业主负责。

在 EPC 模式下，业主对工程总承包项目进行原则性、整体性、目标性的协调与控制，关注影响项目的重大问题，但对具体实施工作介入较少。总承包商负责整个项目的实施过程，不再以单独的分包商身份建设项目，有利于整个项目的统筹规划和协同运作，可以有效地解决设计与施工衔接问题，减少采购与施工的中间环节，解决施工方案中的实用性、技术性、安全性之间的矛盾。EPC 模式工作范围与责任界限清晰，建设工程质量责任主体明确，能够最大限度地发挥工程项目管理各方的优势，实现工程项目管理的各项目标。

2.4.4 集成项目交付模式

随着工程项目复杂性的不断增加，传统项目交付模式出现了许多问题和弊端。在此背景下，一种新型的项目交付模式——集成项目交付（integrated project delivery，IPD）逐渐受到学术界和产业界的重视。美国建筑师协会将IPD定义为："整合体系、人力、实践和企业结构为一个统一过程，通过协作平台，充分利用所有参与方的见解和才能，通过设计、建造以及运营各阶段的共同努力，使建设项目结果最佳化、效益最大化，增加业主的价值，减少浪费"。根据定义可知，IPD主要涵盖了以下3个方面的思想。

（1）集成的思想。

IPD模式强调将各方人员、组织架构、业务流程、信息系统以及知识经验集成到一体化的体系中，打通施工组织中各管理层级、各部门与施工现场之间的业务壁垒，为项目各参与方的信息共享与高效协作建立基础。

（2）全生命周期协作的思想。

IPD模式要求组建一个基于信任、协作和信息共享的项目团队，项目所有参与方在建设项目的全生命周期内能够密切地协作，将共同制订的项目目标完成，并努力促使项目收益达到最大化。各参与方在项目的前期尽早地参与到项目中，把各自的知识和经验充分运用到建设项目中。通过这种合作关系的构建，能够使项目各方利益趋于一致，进而降低项目的建设风险，而不像传统交付模式一样致力于如何将项目风险转移。

（3）精益的思想。

IPD模式强调各参建方通过在建筑全生命周期内的高效协作，以提高设计成果质量，提高项目计划的可靠性与施工人员的工作效率，减少各种错误返工及重复无效的劳动，从而最大限度地减少各种浪费，使效益最大化，这与精益建造的基本思想是一致的。

2.5　"工业4.0"驱动建筑业转型升级

"工业4.0"驱动建筑业转型升级的内涵是以CPS为核心对各类建造资源与系统进行整合，融合各类新兴智能技术与现代管理方法进行协同创新，进而重构建筑业的生产组织模式与价值创造方式，推动建筑业向绿色可持续、高附加值的技术密集型产业发展。如图2.22所示为"工业4.0"驱动建筑业转型升级的战略框架，其要点可以概括为建设一个系统体系，面向四项主题，完成三项集成，实现八项目标。

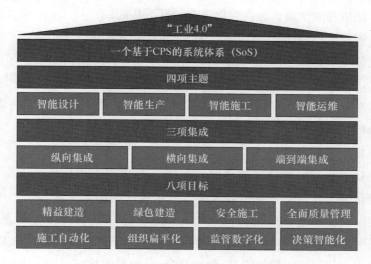

图 2.22　"工业 4.0" 驱动建筑业转型升级战略框架

2.5.1　建立一个基于 CPS 的系统体系

在"工业 4.0"的背景下，虚拟世界与真实世界的深度融合已不可避免，通过建立 CPS 将施工人员、建筑材料、施工设备与信息资源紧密地联系在一起，形成一个高度协同的工程建造系统体系。CPS 系统体系将集成施工计划与调度、供应链协同、能源消耗与污染排放监管等业务流程，通过虚拟空间实时监控、分析、优化并控制物理建造过程，通过收集和分析建筑产业链的大数据资源，为管理决策提供智能化支持，从而实现以技术系统的进步驱动建筑业转型升级的目标。

2.5.2　面向四项主题

（1）智能设计。

基于 BIM 软件进行参数化设计，提高模型的生成与修改效率，提高模型信息的共享性，实现建筑结构、给排水、暖通、消防、电气等多专业的协同设计。通过碰撞检测与虚拟施工技术及时发现设计中存在的问题，减少因设计错误造成的返工，从而缩短建设工期，节约施工成本。在设计阶段还可以基于 BIM 进行建筑物的视域、风场、日照与阴影分析，并对建筑能耗进行分析计算，评估各项性能指标，为建筑节能打下基础。

（2）智能生产。

实现装配式建筑预制构件的工厂化生产，参考借鉴生产制造业的先进技术与标准，实现构件设计与生产过程的信息化集成。应用智能生产装备与机器人制造系统，提高生产标准化程度与生产效率，提高构件产品的质量与品质，降低传统湿法作业带来的能源消耗与污染排放。

（3）智能施工。

施工技术装备的智能化体现在，发展装配化施工替代传统混凝土浇筑，利用智能化施工设备与建筑机器人技术逐步替代现场人工作业；利用智能感知技术实时监测在建建筑结构的应力与位移，施工设备的运行状态与能耗，施工人员的位置分布与安全作业情况，现场气温、风速等环境变化以及污染排放情况等，使施工过程始终处于可预测、可控制的状态。

施工组织管理的智能化体现在，一方面实现面向工程现场的施工过程优化，通过对施工过程的实时监控与仿真分析，结合智能优化算法，实现施工计划的实时调整与建造资源的优化调度；另一方面实现材料构件的供应链协同机制，解决施工节拍与物流节拍不同步的问题，避免因供应不及时导致的窝工停工，或者因供应过剩导致的现场库存积压。

（4）智能运维。

工程竣工采用"实体＋虚拟"产品交付的模式，将集成了设计、生产、施工各阶段数据的数字孪生模型作为虚拟产品与实体建筑物一起交付给客户，为后期运维分析提供决策支持。在运维管理阶段，根据客户需求在数字孪生模型中集成弱电、安防、物业等管理要素，将建筑物的结构、系统以及所提供的服务进行优化组合，实现建筑物的全生命周期管理。

2.5.3 完成三项集成

如图 2.23 所示，在"工业 4.0"背景下将无处不在的传感器、嵌入式系统、通信设施与智能控制系统通过 CPS 系统体系形成一个智能化的网络，使人员、机器设备、软件服务及业务流程之间能够互联互通，从而实现横向、纵向和端对端的高度集成。

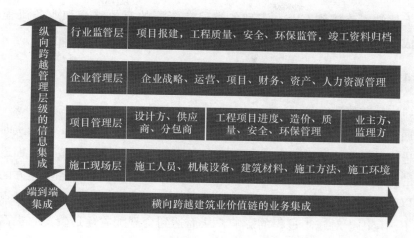

图 2.23 建筑"工业 4.0"集成框架

（1）纵向集成。

纵向集成（vertical integration）是指将施工组织内部不同层面（如行业监管层、企业管理层、项目管理层以及施工现场层等）的 IT 系统集成在一起，建立一个建造资源垂直整合、高效协同的 CPS 系统体系。在这样的体系架构中，施工组织内部各个业务信息系统之间以及信息系统与现场施工系统之间实现了互联互通，有效地解决了施工组织内部存在"信息孤岛"的问题。

（2）横向集成。

横向集成（horizontal integration）是指整合施工企业价值链上各利益相关方的业务流程，打破传统企业的边界，将施工企业内部的业务流程向价值链上游的设计方、供应商与分包商，以及下游的客户方延伸，以 CPS 为载体实现价值链上跨组织的信息共享与资源优化配置，从而建立各利益相关方的高效协同机制。

（3）端到端集成。

纵向集成与横向集成是实现端到端集成的前提和基础。所谓的端到端（end-to-end），是指价值链中任意一个业务流程的一端（点）到另外一端（点）都是连贯的，不存在局部流程或片段流程，即没有断点。这里的"端"（点）既可以是 ERP、PMS 等信息管理系统，也可以是施工机械、建筑机器人等硬件设备，还可以是供应商、项目经理、现场工人等人员。通过将上述端点连接到 CPS，实现各类建造资源的有效整合和业务流程的无缝集成。

2.5.4 实现八项目标

（1）精益建造。

通过 CPS 驱动实现精益建造模式，基于物联网技术从施工现场实时获取工程进度及各类建造资源的实际需求，利用数字孪生技术对施工过程进行前瞻性的仿真分析并作出优化决策，再通过信息共享机制驱动各参建方的协同工作以及建筑材料的 JIT 供应。在 CPS 系统体系下，以整体优化的观点尽量消除不确定因素对施工过程的影响，从而达到合理配置建造资源、提高施工效率、消除无效工作与库存积压等浪费的目的。

（2）绿色建造。

建立以节约资源、保护环境、低碳发展为核心的绿色建造模式。将原有的各类碎片化的施工环境监管系统，例如噪声、扬尘污染监测系统，建筑垃圾排放监管系统，以及能源消耗与碳排放监测系统等整合到统一的 CPS 系统体系下，实现对各类监测数据的采集、融合与挖掘分析，为政府监管与服务提供决策支持。

（3）安全施工。

在 CPS 系统体系中覆盖施工安全管理的三大要素（即安全教育、安全规划以及安全监督），集成 BIM 与 VR 技术对工人进行安全教育培训与可视化安全技术交底；基于大数据分析技术实现施工安全知识获取；基于 BIM 实现场地布局安全规划，结合 4D 仿真技术识别施工安全隐患；集成 BIM、物联网、计算机视觉与大数据分析技术，实现对施工现场危险源的识别与评估，以及对施工安全事故的预测与控制。

（4）全面质量管理。

以装配式施工取代手工砌筑作业，减少施工失误与人为错误，提升施工质量水平。通过横向集成，在 CPS 系统体系下为业主方、施工方、监理方及政府监管方等各利益相关者建立统一的建筑物全生命周期质量管理平台，并基于各类信息技术实现建筑产品质量的"计划—执行—检查—处理"闭环管理，推动质量管理工作的持续改进。

（5）施工自动化。

在施工现场应用具备人机协作、自然交互、自主学习能力的建筑机器人与自动化施工设备，大规模地替代人工作业，实现施工作业少人化、危险作业无人化的目标。

（6）组织扁平化。

组织扁平化，是指利用信息技术手段并结合现代管理理念，在实现了纵向、横向与端到端三项集成的基础上，通过对业务流程进行优化重组，将传统金字塔型的组织结构转变为扁平化的组织结构。在这种施工组织结构中，将以 CPS 为载体实现信息共享，而不必通过管理层次逐级传递，从而降低了信息的失真性与滞后性，增强了施工组织对环境变化的快速反应与及时决策能力。

（7）监管数字化。

将政府部门的数字化监管系统与施工企业智能建造系统进行集成，直接获取施工安全视频监控图像或噪声、扬尘、建筑垃圾排放等传感器在线监测数据，向社会公布监测结果并接受群众在线监督举报。通过数字化技术实现建筑行业治理方式的转型升级，由过去政府单方面监管转型升级为政府监管、企业自律与社会监督相结合的新型治理模式。在此模式下，施工单位清楚自己的活动正处在监控中，会自觉地遵守相关政策法规，主动整改可能出现的问题。

（8）决策智能化。

发挥人类思维与智能系统的各自优势，通过智能系统扩大、延伸或部分替代人类专家的脑力劳动，形成人类专家与智能系统优势互补的协同决策机制，从而分别实现面向施工现场建造过程、面向施工企业运营管理，以及面向施工企业价值链资源配置的智能决策支持体系。

3 智能建造基础理论

3.1 智能建造模式

如第 2 章所述，不同智能技术在建筑施工领域的发展并不是随机的，而是遵循着一定的客观规律，即由单一技术碎片化的应用向多项技术集成的"智能建造"新型范式演进。关于"智能建造"的概念，目前学术界尚未形成统一且广泛认可的定义，表 3.1 中列举了几种不同学者给出的定义。本书将智能建造定义为：

"一种基于智能科学技术的新型建造模式，通过重塑工程建造生命周期的生产组织方式，使建造系统拥有类似人类智能的各种能力并减少对人的依赖，从而达到优化建造过程、提高建筑质量、促进建筑业可持续发展的目的。"

由定义可知，智能建造的内涵不仅包括智能科学技术在建筑业的集成应用，并且涵盖了在此基础上对生产组织方式的提升，通过智能技术实现建造过程中计划、执行、监控与优化的迭代循环，从而提高施工组织管理与决策能力。

表 3.1　智能建造定义总结[1]

序号	学者	定义
1	Lijia Wang	"智能建造"理念要求施工企业在施工过程节约资源、提高生产效率，用新技术代替传统的施工工艺和施工方法，以实现项目管理信息化，促进建筑业可持续发展
2	Andrew De Wit	智能建造旨在通过机器人革命来改造建筑业，以削减项目成本、提高精度、减少浪费、提高弹性和可持续性

序号	学者	定义
3	丁烈云	智能建造是新信息技术与工程建造融合形成的工程建造创新模式，通过规范化建模、网络化交互、可视化认知、高性能计算以及智能化决策支持，实现数字链驱动下的工程立项策划、规划设计、施工生产、运维服务一体化集成与高效率协同
4	毛志兵	智能建造是在设计和施工建造过程中，采用现代先进技术手段，通过人机交互、感知、决策、执行和反馈提高品质和效率的工程活动
5	樊启祥	智能建造是指集成融合传感技术、通信技术、数据技术、建造技术及项目管理等知识，对建造物及其建造活动的安全、质量、环保、进度、成本等内容进行感知、分析和控制的理论、方法、工艺和技术的统称
6	毛超	智能建造是在信息化和工业化高度融合的基础上，利用新技术对建造过程赋能，推动工程建造活动的生产要素、生产力和生产关系升级，促进建筑数据充分流动，整合决策、设计、生产、施工、运维整个产业链，实现全产业链条的信息集成和业务协同、建设过程能效提升、资源价值最大化的新型生产方式

1 该表引用参考文献［9］。

智能建造模式的产生是建筑行业内部与外部因素共同作用的结果。如图 3.1所示，突破粗放式生产组织方式的发展瓶颈，实现可持续健康发展是传统建筑业智能化转型升级的内在驱动因素。而在工业化与信息化深度融合的大背景下，新一代信息技术的发展为实现智能建造模式提供了必要的外部条件，带来了以技术创新驱动管理能力提升的新机遇。智能建造模式将以智能建造系统作为集成化的技术载体，通过融合各项新兴智能技术与资源，推动建造模式的不断优化与发展。

作为智能建造范式的实现形式，智能建造系统（intelligent construction system，ICS）是一种基于"信息物理"融合的系统体系，通过物理施工进程与信息计算进程的循环反馈机制实现两者之间的深度集成与实时交互，形成"状态监控、实时分析、优化决策、精准控制"的闭环运行机制，进而解决项目建造过程中的复杂性与不确定性问题，提高建造资源的配置效率，实现建造过程的动态优化机制。从技术实现的角度讲，智能建造系统属于信息物理系统的范畴，在此基础上融合了精益建造等管理思想，以技术系统的发展驱动智能建造模式的实现。

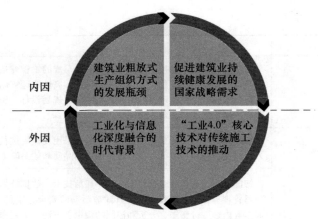

图 3.1　智能建造的产生背景

3.2　智能建造理论体系框架

本书通过建立智能建造理论体系框架，以明确该领域的研究范畴，并识别潜在的研究方向。如图 3.2 所示，本书建立的智能建造理论体系框架划分为 11 项关键子领域，分别为基础理论、支撑技术、管理机制、工作机理、参考架构、集成方案、业务场景、运行机制、实施路径、评价机制和核心目标，其内涵与主要研究内容如下。

3.2.1　基础理论

阐释智能建造与智能建造系统的基本概念与内涵特征，定义相关术语，建立智能建造的技术标准与规范体系。

3.2.2　支撑技术

智能建造的支撑技术包括"一项核心技术＋多项使能技术"。一项核心技术即信息物理系统（CPS）技术；多项使能技术包括"工业 4.0"背景下的BIM、物联网、大数据、云计算、数字孪生、VR/AR、SOA、MAS 等新一代信息技术与人工智能技术。该子领域的研究内容包括分析各项支撑技术对智能建造模式的赋能作用，并揭示不同技术在建筑施工领域的耦合关系与集成发展趋势。

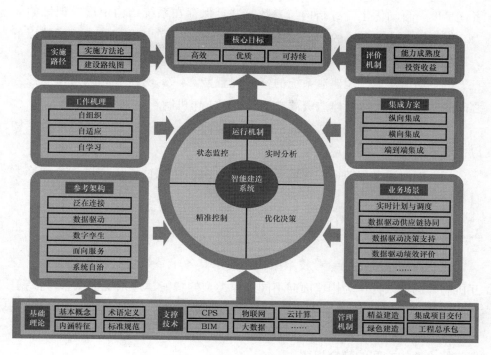

图 3.2　智能建造理论体系框架

3.2.3　管理机制

技术系统的进步与施工管理机制的变革是一个相辅相成的过程。在智能建造模式下，主要涉及实现精益建造、绿色建造、工程总承包以及集成项目交付 4 项新型管理机制。该子领域主要研究如何为各项新型管理机制开发相适应的技术实现方案，以及如何通过智能建造技术驱动施工组织管理能力的提升。

3.2.4　工作机理

在人工智能领域，"自组织"是指在没有外部指令的条件下，系统内部的各子系统之间能够协调完成某个任务目标的能力；"自适应"是指系统能够根据环境的变化而不断调整自身的行为，在新的环境中能够保持最优，或者至少保持可以容许的功能；"自学习"则是指系统通过评估已有行为的正确性或者优良度，自动优化自身结构与参数，并且保存在系统结构中形成记忆的能力。揭示智能建造系统的"自组织、自适应、自学习"工作机理，即回答以下3个关键问题：

（1）如何实现智能建造系统的资源配置能力，实现建造资源与建造任务之间的动态匹配，以及建造资源之间的协同工作机制？

（2）如何实现智能建造系统的快速响应能力，能够动态地调整自身结构以适应不断变化的施工环境？

（3）如何通过评估智能建造系统已有行为的正确性或优良度，自动修改自身结构与参数，改进自身行为？

3.2.5　参考架构

建立智能建造系统参考技术架构，揭示其各子系统之间的依赖关系、交互机制与约束条件，为构建面向不同工程类型的智能建造系统提供参考依据。阐明智能建造系统参考架构"泛在连接、数据驱动、数字孪生、面向服务、系统自治"五项基本特征及其内涵（引用参考文献［10］），并揭示其工作机理与技术架构之间的耦合规律。

3.2.6　集成方案

构建"工业4.0"背景下以智能建造系统为载体的业务流程集成方案，如2.5.3节所述，分别实现施工企业总部到项目施工现场的纵向集成，跨越建筑施工行业价值链的横向集成，以及实现价值链上任意环节与要素之间端到端的集成。

3.2.7　运行机制

运行机制是指在系统有规律的运动中影响这种运动的各因素的结构、功能及其相互关系。智能建造系统的运行机制是实现智能建造模式的基础。该子领域的研究内容为如何建立基于"信息物理"融合的"状态监控、实时分析、优化决策、精准控制"闭环运行机制，分析智能建造系统技术架构对其运行机制的支撑作用，并揭示其工作机理与运行机制之间的交互作用规律。

3.2.8　业务场景

业务场景是指在特定业务环境中可能发生的一组事件及其相关因素的组合，其内容包括业务事件的时间与空间属性、触发机制与交互过程等。该子领域的研究内容为构建智能建造模式下的业务应用场景，例如实现施工过程的实时计划与调度、数据驱动供应链协同、数据驱动决策支持、数据驱动绩效评价等。在此基础上，识别实现特定业务场景所需要的支撑技术，并分析在智能建造系统闭环运行机制下实现特定业务场景的工作机理。

3.2.9　实施路径

智能建造模式的实施路径包括实施方法论与系统建设路线图两部分。

（1）智能建造模式实施方法论。

实施方法论是指采用什么样的方法指导实施工作的总体纲要。智能建造模式的实施方法论包括明确实施对象与实施内容，建立实施策略，识别影响实施成功与否的关键因素等。

（2）智能建造系统建设路线图

智能建造系统建设是智能建造模式实施的核心内容之一，两者之间是相辅相成的关系。明确施工企业组织架构、业务处理流程与智能建筑系统之间的关系，在此基础上制订智能建造系统建设路线图，包括每个建设阶段的工作目标、主要任务、关键控制节点、需要提交的资料等。

3.2.10　核心目标

智能建造的核心目标可以概括为"高效、优质、可持续"，其具体内涵与意义如下：

（1）高效：提高施工效率，提高建造资源利用率，缩短项目工期，降低建造成本。

（2）优质：提升建筑产品质量，降低产品不良率。

（3）可持续：节约建材资源，降低能源消耗，减少污染排放，促进安全施工。

智能建造模式的核心目标将作为评价其实施效果的重要参考依据。

3.2.11　评价机制

智能建造的评价机制包括能力成熟度评价机制和投资收益评价机制两个方面。

（1）智能建造能力成熟度评价机制。

建立定性与定量相结合的评价指标，将能力成熟度由低到高划分为若干个等级，用于评估当前施工企业（组织）的智能建造能力发展水平或智能建造模式的实施效果。同时，该评价机制也可以反映智能建造模式的发展演进方向。

（2）智能建造投资收益评价机制。

针对智能建造模式的核心目标，建立定量化的评价机制，用以衡量施工企业在智能建造领域投入的人力、物力、财力等各种资源的综合收益。

3.3　智能建造系统参考体系结构

本节通过建立智能建造系统的参考体系结构，以明确系统的基本功能框架、各类组件及其依赖关系、交互机制与约束条件等，为设计开发面向不同工程类型的智能建造系统提供理论依据。

3.3.1　智能建造系统功能架构

如图 3.3 所示为本书所建立的智能建造系统总体功能体系架构，其涵盖建造能力与建造过程两大体系。建造能力包括施工组织、施工技术，建造资源与约束条件，这些因素是构成智能建造系统的基础。建造过程是一个建立在精益建造理论基础上的"计划—执行—监控—优化"迭代过程，通过各项技术手段使智能建造系统拥有类似于人类智能的自组织、自适应与自学习能力，从而减少建造过程中对人为决策的依赖性。

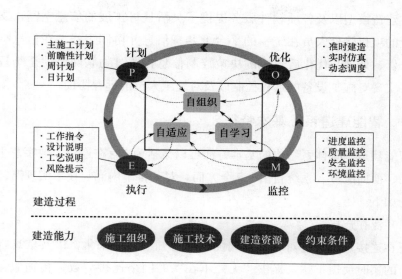

图 3.3 智能建造系统功能架构

3.3.2 智能建造系统技术架构

智能建造系统的技术架构建立在物联网、云计算、BIM、大数据以及面向服务架构等技术的基础上，形成一个高度集成的信息物理系统。如图 3.4 所示，物联网通过各类传感器感知物理建造过程，经过接入网关向云计算平台传送实时采集的监控数据。云计算平台为大数据的存储与应用、基于 BIM

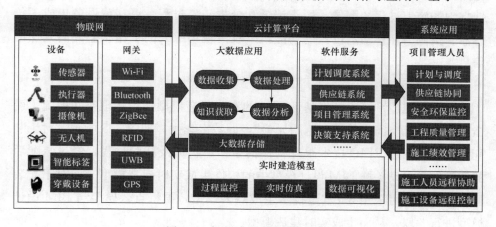

图 3.4 智能建造系统技术架构

的实时建造模型以及各项软件服务提供了灵活且可扩展的信息空间,支持不同专业的项目管理人员在统一的平台上共享信息并协同工作。在信息空间中经过分析、处理与优化后形成的决策控制信息再通过物联网反馈至物理建造资源,实现对施工设备的远程控制以及对施工人员的远程协助。

3.3.3 智能建造系统基本特征

智能建造系统体系结构的基本特征可以概括为"泛在连接、数字孪生、数据驱动、面向服务、系统自治"5个方面,对其科学内涵与技术实现路径的具体讨论如下。

(1)泛在连接。

泛在连接是指通过对物理空间的实时感知与数据采集,以及信息空间控制指令的实时反馈下达,提供"无处不在"的网络连接与数据传输服务。物联网通过不同类型的传感器从施工现场采集实时数据,包括结构的应力和位移、现场的温度与空气质量、能耗以及智能施工设备的状态等。采用 Wi-Fi 或蓝牙(Bluetooth)等技术将施工现场部署的无线传感器连接起来,形成无线传感器网络。预制施工现场组装全过程采用 RFID 技术,通过跟踪构件内嵌入的标签,实时采集数据。室内人员定位可采用 RFID、ZigBee 或超宽带(UWB)技术,室外定位则可通过全球定位系统(GPS)实现。无人机搭载激光扫描仪获取施工现场点云数据,基于三维重建技术监控施工进度。摄像机捕捉现场施工过程的图像,用于记录和分析施工过程。可穿戴设备集成了传感器、摄像头和移动定位器的功能,以收集现场工人的工作状态并向其反馈信息。

(2)数字孪生。

在智能建造系统中,将基于 BIM 的实时建造模型作为物理空间中施工建造过程在信息空间中的"双胞胎兄弟",即数字孪生,如图 3.5 所示。对于装配式建筑,通过 RFID 技术跟踪构件的生产、物流及装配过程,经过装配后的构件信息自动关联 BIM 设计模型中的构件生成实时建造模型。而对于非装配式建筑,则可采用 3D 重建技术生成点云模型,再将点云模型与 BIM 设计模型进行关联,从而生成实时建造模型。

作为在建建筑物在信息空间中的数字孪生,实时建造模型将监测数据以

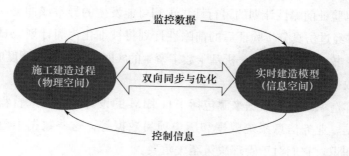

图 3.5　数字孪生体

不同维度展现给项目的参与者，使他们在共同的视角下进行协作。云平台为不同项目参与者提供监控数据查询、追溯、计算和虚拟现实展示服务，支持对项目进度、质量管理、安全与环境监管、绩效评估等方面的监控需求。

　　在建造过程中可通过数字孪生技术进行实时仿真分析，验证前瞻性施工计划的可行性。如图 3.6 所示，根据施工现场反馈的进度监控数据更新实时建造模型，计划调度系统基于末位计划者系统理论滚动编制项目的前瞻性计划，即将施工监控系统作为"末位计划者"，根据进度监控与资源消耗量制订前瞻性施工计划。BIM 系统基于 4D 仿真功能在实时建造模型的基础上进行虚

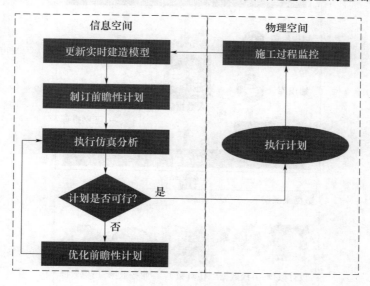

图 3.6　基于数字孪生的实时仿真分析

拟建造，以验证前瞻性计划的可行性，预测可能发生的异常或冲突，并做出适应性调整。经过仿真分析验证后的前瞻性计划将被细化为周计划或日计划后组织施工。本书4.1节将详细分析基于数字孪生的实时施工计划与调度应用场景。

（3）数据驱动。

智能建造系统的大数据来源包括来自 BIM 的设计数据、来自物联网的施工监控数据、业务信息系统数据和历史项目数据等，这些数据中蕴含着丰富的信息或知识，它们对于管理决策至关重要。

如图 3.7 所示为本书所提出的智能建造系统框架中的数据驱动决策支持的体系结构，该体系结构由三层组成：数据来源层、数据处理层和数据应用

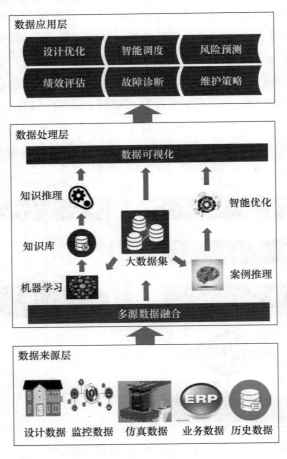

图 3.7　数据驱动决策支持机制

层。多项来源的数据经过融合后将用于知识发现与决策支持，即实现系统的自学习能力。一方面，通过机器学习算法对大数据进行挖掘分析以获取隐藏的知识规则，这些规则将通过知识推理机制为解决工程问题提供参考方案；另一方面，案例推理技术可以从历史项目数据中检索出与当前项目相似的案例，相似案例的解决方案经在调整优化后可作为本项目的参考方案。多源融合数据的推理或统计分析结果以可视化的形式提供给用户，以支持不同的决策需求，包括设计优化、智能调度、风险预测、绩效评估，以及施工设备的故障诊断与主动维护策略等。

（4）面向服务。

作为集成了多项智能技术的平台，智能建造系统应建立在具有互操作性与可扩展性的技术架构之上。本书基于面向服务的体系架构（service-oriented architecture，SOA）建立智能建造系统的技术架构。

如图 3.8 所示，所有软硬件系统均通过建造服务总线（construction service bus，CSB）进行信息交互，构成扁平化且可扩展的体系架构。建造服务总线采用 SOA 架构中的企业服务总线技术，该技术是传统中间件、XML 以及 Web 服务技术相结合的产物。CSB 作为智能建造系统网络中最基本的连接中枢，实现不同服务之间的互操作性。将智能建造系统内的软件子系统封装为 Web 服务以隐藏其内部的复杂性，通过 WSDL（Web 服务描述语言）语言描述所提供的服务信息，并将服务发布到 UDDI（universal description discovery and integration，统一描述、发现与集成服务）注册中心，以供其他服务搜索、访问和调用。对于物理空间中的建造资源，例如建筑工人、智能建筑设备与建筑机器人等，基于分布式人工智能理论将其虚拟化为智能体（agent）并集成到建造服务总线，以实现智能建造系统的分布式控制功能。

（5）系统自治。

系统自治是指智能系统独立协调各子系统完成相应功能，并能够根据环境变化而作出相应的反应，即实现系统的自组织与自适应能力。智能建造系统涉及多种分布式的异构建造资源，既包括施工人员、设备与材料等物理建造资源，也包括软件服务等信息资源，如何建立它们之间的协作机制是实现系统自治能力的关键。

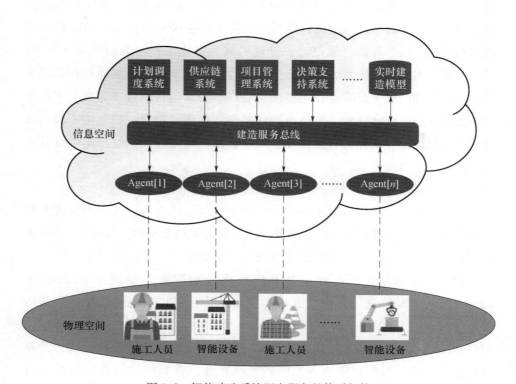

图 3.8　智能建造系统面向服务的体系架构

本书提出基于多智能体系统（multi-agent systems，MAS）协同控制理论，通过智能体之间的竞争与合作来实现智能建造系统的分布式协同控制机制。如图 3.9 所示，资源智能体作为物理建造资源在信息空间中的代理，根据监控数据更新并发布资源的建造能力与实时状态信息，任务智能体根据建造需求主动搜索可用的资源智能体。对于每一个匹配方案采用智能推理机制预测可能发生的冲突，并做出必要的自适应调整，然后对所有可行的资源-任务匹配方案进行评估，确定最优化的方案作为最终分配方案，并更新建造资源的任务分配列表。最后，资源智能体基于任务分配列表将控制信息反馈至物理建造资源，指导其完成施工作业。在计划调度子系统中实现上述分布式协同控制机制，以减少智能建造系统运行过程中对人为决策的依赖，从而实现系统的自组织与自适应能力。

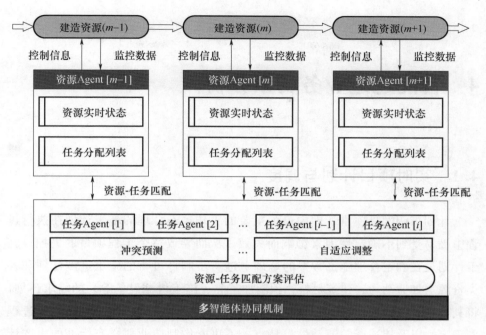

图 3.9　资源-任务多智能体协同机制

4 智能建造业务场景分析

4.1 实时项目计划与调度

计划与调度是项目管理中最为重要的工作，不合理的施工计划在执行过程中极易受到不确定性因素影响而失效，从而导致整个工程项目的失控。施工计划是在确定合理施工方案的基础上进一步制订可行的施工进度计划和各类资源（如劳动力、建筑材料、预制加工品、施工机械设备等）的需求计划，将其作为施工管理工作的控制基准。由于建筑业具有项目唯一性、施工过程不确定性以及建造资源流动性等特点，不可能像制造业那样有标准的生产计划。在实际工程实践中，施工计划的编制应充分考虑工程规模、气候条件、建筑结构特征、技术复杂程度以及工程自身的逻辑性等因素，同时还应考虑施工场地和各类资源供应能力等约束条件，在此基础上保证在规定工期内按设计要求完成施工作业。传统的项目计划与调度是相对独立的，而基于 BIM 的虚拟建造也是在设计完成后施工开始前进行的，由于没有考虑到建造过程中的不确定性，通常会导致输出结果与实际情况存在较大差异。另外，由于无法将实时数据同步到现有的 BIM 模型，在施工过程中难以进行动态的仿真。为了克服上述局限性，本书在精益建造原理的基础上提出了一种数字孪生驱动的项目计划与调度场景。

如图 4.1 所示，该应用场景根据当前的项目进展实时地仿真剩余任务的执行过程，并结合智能推理机制进行项目计划的优化。仿真的输入数据为物联网实时采集的施工现场数据，包括以下两部分：①施工进度，如第 3.3 节讨论的基于实时监测的施工进度数据自动更新数字孪生模型；②施工约束，包括空间约束（如库存、堆场和施工作业空间）、资源约束（如不可消耗资源的使用状态以及可消耗资源的可用数量）以及逻辑约束（任务之间的逻辑关系与时间间隔）。这些约束条件是随着施工过程而动态变化的，一方面，从施工现场收集的监控数据用于实时更新约束条件；另一方面，项目管理团队也可以根据经验和判断来调整约束条件。实时仿真的输出数据包括施工计划的可行性、潜在的冲突和资源利用效率。实时仿真强化了项目团队成员之间的沟通与协作，仿真结果是支持他们作出决策的重要依据。

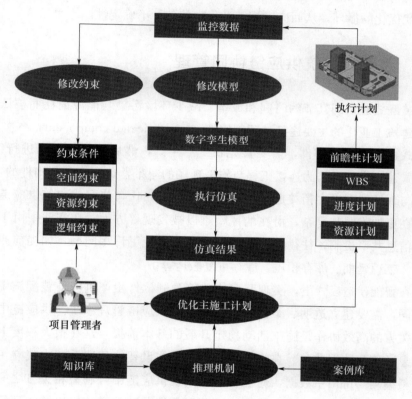

图 4.1   施工过程中的实时计划与调度

注："项目管理者""执行计划"在物理空间中操作，故图中使用图片；信息空间中的流程采用框图；其中，矩形框表示数据或模型，椭圆形框表示执行的操作。

项目管理团队根据仿真结果及时进行评估和改进，并结合知识推理或案例推理机制辅助优化项目主施工计划，并基于准时制（JIT）原则进一步分解为更为详细的前瞻性计划，将其反馈到施工现场执行。前瞻性计划包括工作分解结构（WBS）、项目进度计划和资源计划。WBS用于将施工工作分层分解为更小、更易于管理的施工任务，并建立项目计划制订的框架。项目进度计划定义了每个任务的计划开始和结束时间，而资源计划则分配每个任务所需的施工资源。与传统的项目计划不同，基于 JIT 的前瞻性项目计划可以随着项目的进展而动态地进行调整与执行。综上所述，该应用场景从实时监控到实时仿真，然后到项目计划的优化，直到计划被反馈到现场指导施工，形成迭代优化的循环，从而应对施工过程中的各种不确定性。

4.2　装配式建筑供应链协同管理

装配式建筑因其节约时间和成本、减少环境污染与能源消耗而被认为是实现建筑工业化的主要途径。预制构件（prefabricated component，PC）作为装配式建筑的主要部件，需要首先在工厂生产，然后运输至现场进行组装。装配式建筑供应链作为连接工程与施工现场的纽带，负责将预制构件的生产、运输与现场装配工序衔接起来。与传统供应链相比，装配式建筑供应链主要表现在更加脆弱与复杂，潜在的风险难以被发现等方面。在实践中由于缺乏实时信息共享机制，往往导致供应链的管理出现了许多问题，如提前或延迟交货、工程延期、库存积压、库存重复搬运等。

在智能建造模式下，实现装配式建筑预制构件生产供应与装配施工的高效协同，需要建立透明、柔性且快速响应的供应链管理系统。供应链中各利益相关方的高效协作是施工活动稳定开展的基本前提，这在很大程度上依赖于信息通信与数据共享。在本应用场景中，假设智能建造系统中建立了统一的材料编码与价格主数据，通过物联网实现供应链中各利益相关方之间的数据共享。在此基础上，开发如图 4.2 所示数据驱动的建筑供应链闭环管理业务场景。

（1）供应链过程监控。

将物联网技术应用于实时监控预制构件的物流过程，例如，利用 GPS 技术跟踪构件运输车辆的运行轨迹；利用 RFID 等近场通信技术对供应链中的预制构件进行识别、跟踪和定位，具有提高信息可视性、减少操作错误以及访问实时状态信息等优势。物联网将采集到的实时数据反馈到云端的供应链管理系统，结合 BIM 与地理信息系统（GIS）技术为管理人员提供可视化的

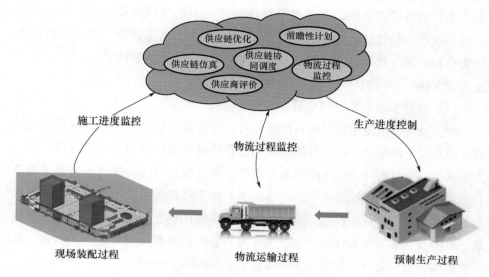

图 4.2 装配式建筑供应链协同管理场景

监控。对预制生产、物流运输、堆场库存及现场装配等状态中的各种类型构件数量进行统计分析，将统计结果通过物料"看板"反馈至各级管理人员。

实现供应链的全过程信息映射与跟踪监控，通过施工进度监控掌握现场施工进度与预制构件的实际领用情况，并结合资源计划、供应提前期等信息制订下一阶段的物料需求计划，再根据物料需求计划制订前瞻性的预制构件生产供应计划。

（2）供应链仿真与优化。

预制构件供应链仿真是指在考虑不确定性因素的情况下，通过模拟预制供应链的过程，并在评估涉及生产调度、资源分配、布局规划、运输规划和供应链性能等因素的情况下，进行验证决策的过程。通过将智能建造系统采集到的供应链实时监控信息输入到系统仿真软件，在软件中模拟下一阶段的供应过程，验证前瞻性生产运输计划的可行性并发现潜在的问题，为调度方案优化提供依据。将仿真分析结果结合遗传算法等人工智能算法进行供应链优化，在合理的计算成本下获得生产调度、资源分配、库存水平控制、堆场布局和准时交货等问题的（近似）最优解，为供应链的协同调度提供决策依据。

（3）供应链协同调度。

供应链协同调度是指通过及时跟踪构件的生产、运输动态，协调装配施工节拍与物流供应节拍，确保预制构件的准时生产与供应的过程。在供应链管理系统中，根据经过验证与优化后的前瞻性生产供应计划，进一步分解为更为详细的周（日）计划，发送生产进度控制信息到预制构件生产厂，并调度运输车辆，协同控制生产进度及物流运输过程。

（4）数据驱动的构件供应商绩效评价。

供应商是供应链中重要的利益相关者，装配式建筑预制构件供应商的绩效在一定程度上决定着工程项目能否顺利进行。供应商评价涉及供货价格、质量服务水平、交付准时性以及信用度等多个方面，通过构建指标评价体系可以进行定量化的评价。在智能建造系统体系下，供应链管理系统可为定量评价供应商绩效提供真实客观的数据，如可以获得供应商的历史采购价格、质量监测报告、准时交货率等业务数据，经过统计分析后可以定量计算各项评价指标，从而克服以往供应商评价数据不准确和基于主观判断的局限性。

4.3　数据驱动的项目成本管理

在传统的项目成本管理中，企业需要投入大量的人员和精力收集并统计成本数据，但所获得的成本数据仍然不及时、不准确，从而导致了成本控制的困难。在智能建造系统体系下，由于施工过程中与成本相关的数据与企业财务管理数据进行了融合，为准确高效的成本管理打下了基础。

（1）企业定额数据库。

企业定额是企业根据自身技术水平和管理水平编制的生产单位产品所必需的各种资源消耗标准，反映了本企业的生产效率与竞争优势，是编制投标报价、分包招标及成本控制的主要依据。过去由于难以掌握历史项目成本数据，国内大多数施工单位并未建立起自己的企业定额数据库。在智能建造模式下，由于智能建造系统中积累了大量的历史项目数据，可以通过挖掘分析历史项目成本数据编制企业定额，进而建立企业定额数据库。财务人员在进行项目成本估算时，在确定了项目工作分解结构（WBS）、工程量清单和材料价格数据的基础上，可以通过查询企业定额数据库估算项目成本。

（2）项目成本核算。

尽管一些施工企业实施了企业资源计划（ERP）系统，通过整合采购、库存、人力资源和分包来管理项目成本，但是业务数据都是相关人员手工录入的，及时性与准确性难以保证，甚至可能存在监管方面的漏洞。在智能建造系统体系下，通过打通项目采购管理与企业成本核算管理业务流程，根据采购业务自动生成记账凭证。该方案保证了 ERP 系统中的项目成本核算与实际发生的业务一致，同时也保证了项目成本的可追溯性。例如，企业财务人员在对账时可以根据记账凭证追溯到项目施工现场的业务数据，分析是哪一笔业务出现了问题。

（3）项目成本控制。

有效的成本控制是提高企业盈利能力的关键。在智能建造系统体系下，由于实现了企业经营管理与项目管理数据的集成共享机制，可以实时地进行项目预算成本与实际成本的对比分析。在采购流程开始前，可以利用 ERP 系统的预算控制功能检查支出是否超出预算，这种事前预算控制方式优于传统的事后检查预算是否超支。在施工现场，材料消耗控制是成本控制的重要环节，可以基于企业定额数据库建立限额领料制度，根据施工计划和材料定额为各道工序规定材料领用的限额，从而克服过去材料消耗难以控制的弊端。

4.4　数据驱动的施工知识管理

知识是任何组织实现高效率工作并保持其竞争优势的关键因素。建筑工程的唯一性、分散性及复杂性决定了需要临时的和多学科的项目管理团队。因此，有效的知识管理将有助于提高项目管理效率及多专业协同工作能力，推动建筑业由劳动密集型向知识密集型行业的转型升级。然而，除了项目特定信息和个人总结的显性知识外，许多隐性知识却不易被发掘和描述。

在基于信息物理融合的建造过程中产生了海量的数据，它们构成了智能建造系统的大数据基础，对于工程决策分析至关重要。如图 4.3 所示，建筑施工领域的数据驱动知识管理是指通过识别工程数据之间隐含的关联关系，经过综合分析判断后，进而凝练出反映其内在因果关系的隐性知识，应用于指导工程实践。

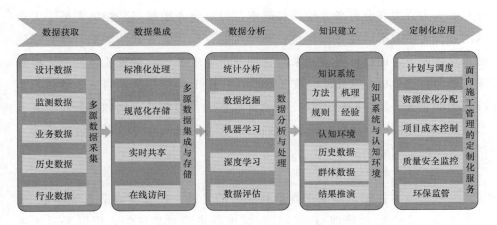

图 4.3　数据驱动的施工知识获取

（1）数据获取。

通过智能建造系统获取不同来源的建筑施工数据，如工程设计数据、物联网监测数据、管理信息系统业务数据、项目历史数据、建筑行业数据等。

（2）数据集成。

通过标准化处理将多源异构数据转化为规范化的存储格式，可以在项目各参与方之间实现数据实时共享与在线访问。

（3）数据分析。

运用统计分析、数据挖掘、机器学习、深度学习、数据评估等各项数据分析技术手段，对经过集成化的大数据资源进行挖掘分析，揭示出隐藏在数据背后的隐性知识。

（4）知识建立。

建立建筑施工知识管理系统，将获取的知识按照方法、机理、规则与经验等类别分别存储在系统的知识库中，形成基于历史数据、群体数据以及结果推演的建筑施工管理认知环境。

（5）定制化应用。

基于知识推理机制开发面向施工管理需求的定制化服务，应用于施工计划与调度、资源优化分配、项目成本控制、质量安全监控、环保监管等具体的应用需求。

4.5　基于数字孪生的施工安全管理

建筑业是安全事故高发行业，由于施工环境的恶劣性及施工过程的复杂性，工人时刻面临着绊倒、坠落、被坠落物击中、触电等风险。许多施工事故发生的原因是缺乏主动性预防措施，如缺乏安全规划、安全培训以及危险识别与控制机制。在传统的项目管理模式下，制约安全管理能力的一个关键问题是难以实时获取与处理施工现场的详细信息，智能建造模式的出现将为解决该问题提供新的契机。如 3.3 节所述，在智能建造体系架构中，将 BIM 与物联网、大数据、人工智能等技术相融合，形成在建建筑物的数字孪生体，该孪生模型将为施工过程提供实时监控与动态仿真，其可视化功能也可以为安全经理与现场工程师的信息沟通提供有效的工具，并为安全管理分析与决策提供支持。具体地讲，基于数字孪生的施工安全管理主要涉及安全规划、安全教育和安全监控 3 个方面。

（1）安全规划。

施工安全规划是指在施工任务开始前识别潜在的危险并规划安全管理措施的过程，其目的是把可能导致事故发生的机理和因素消除在施工作业开始之前。正如集成项目交付（IPD）模式所倡导的，施工方的早期参与将有助于把自身的知识和经验运用到项目中，这对于施工安全管理尤为关键。在设计阶段，基于设计模型识别脚手架等临时结构可能存在的危险，评估工人发生坠落的风险。在施工场地布局规划阶段，基于数字孪生模型加强作业空间规划，根据施工计划、工作面空间以及施工活动的特点识别潜在的现场拥挤情况。事实上，在项目生命周期的不同阶段执行安全规划时，不能忽视施工过程的动态性，物联网技术的进步为评估风险因素和环境感知创造了机会。现场传感器提供了大量的实时监测数据，通过数据分析与挖掘来确定各种设计方案与施工事故之间的相关性，从而在施工开始前识别和消除设计阶段存在的安全隐患。通过离散事件模拟可以在数字孪生体中运行各种假设场景，以便准确地估计工人行为对施工活动及安全状态的影响。

（2）安全教育。

施工安全事故往往与工人的不规范作业行为直接相关，因此有必要对所有进入施工现场的操作人员进行入场安全教育，在通过考试后方可进入工作岗位。基于数字孪生模型并结合 VR 技术对现场工人进行安全教育及可视化安全技术交底，尤其对于高空作业、特种作业工种，在高度仿真的环境中通过沉浸式体验，使他们预先熟悉虚拟的作业环境，以及施工作业中可能面临的各种风险。

（3）安全监控。

考虑到施工现场的动态性质，需要对施工现场进行实时监控，以持续地改善施工安全管理能力。施工现场安全风险识别方法可分为两类：①识别与工人行为直接相关的危险，如个人防护用具使用不当、违反安全规定的行为、内务管理不善等；②试图通过分析施工现场的数据来识别潜在的危险，如通过对工人的生理状态进行监测，判断其疲劳程度以及由此带来的安全风险。

数字孪生模型结合物联网技术可应用于基于工人定位信息的安全风险识别。管理人员在数字孪生模型中指定危险区域，通过对工人作业位置进行实时跟踪来识别潜在的危险。在露天环境下，可以使用全球定位系统（GPS）或北斗导航系统跟踪施工现场工人的行动轨迹；在室内或地下环境中，使用基于 RFID 技术执行位置跟踪，其中 RFID 标签可以安装在工人的安全帽上。将采集到的工人定位数据集成到数字孪生模型中，结合施工现场的几何布局及重型设备的位置，自动识别工人是否处在危险区域，向他们或现场安全员实时传递警告信息。工作面的拥挤也是发生安全事故的潜在风险，在数字孪生模型中以热力图的形式可视化地展示工人位置分布情况，辅助安全主管分析施工现场的人员拥堵情况，从而及时地判断是否需要作出安全警告或者直接采取适当的措施。

4.6　建筑垃圾排放在线监管

随着我国城市化建设的不断推进，每年产生的房屋建筑垃圾与拆除垃圾高达数十亿吨。建筑垃圾是一种成分复杂的固体废弃物，不仅影响城市面貌，而且对生态环境构成威胁。如果处理不当，会造成严重的环境污染和负面社会影响。建筑垃圾管理中涉及许多利益相关方，如施工企业、垃圾运输公司及其驾驶员，以及建筑垃圾处理设施（转运站或填埋场）等。然而，许多利益相关者往往追求经济利益而缺乏环境意识，在建筑垃圾的处理过程中违法行为时有发生。例如，尽管运输公司和车辆驾驶员之间存在雇佣关系，但驾驶员的工资通常是按运输吨位计算的。因此，驾驶员必须通过提高运输量赚取更多利润，而忽视环境保护和安全因素。一些缺乏法律意识的驾驶员在运输过程中表现出超载、超速、逆向行驶等违法行为。建筑垃圾的非法倾倒也是一个长期存在的问题，一方面某些驾驶员为节省运输成本和处理费用会沿途随意倾倒建筑垃圾，另一方面还有一些非法垃圾处理设施以较低的处理费用收纳建筑垃圾。此外，运输车辆沿途撒落建筑垃圾也会对城市环境造成污染。由于上述违法行为具有隐蔽性，监管部门很难对其进行监控。

建筑垃圾排放量是考核建筑工地落实环保绩效的重要指标，同时也是监管部门制订建筑垃圾排放基准的重要参考依据。然而，建筑垃圾排放量数据往往是利益相关者手工填报的，不光费时费力且容易出错，还可能存在监管漏洞，难以保证数据的真实性。因此，迫切需要一种高质量的建筑垃圾管理方案，能够实时、准确、自动地采集各建筑工地的垃圾排放量。

在智能建造系统体系下，通过融合物联网、大数据等多项信息技术构建建筑垃圾在线监管平台，可实现对建筑垃圾处理过程中违法行为的实时监控，准确收集数据并评估利益相关者的绩效。该平台的体系架构如图 4.4 所示，其主要监管对象是施工现场、垃圾处理设施、垃圾运输车辆及其驾驶员。施工现场和垃圾处理设施是固定的监控对象，在它们的出入口处分别安装车牌识别摄像头和车辆重量传感器，并通过互联网与监控平台互联。垃圾运输车辆和驾驶员是移动监控对象，在每台运输车辆上都安装了一台车载移动数字录像机（mobile digital video recorders，MDVR），外部设备是用于车辆卫星定位的 GPS 接收器、用于驾驶员人脸识别和驾驶记录的摄像头、用于驾驶员和监控中心通信的数字对讲机，以及用于监测车速及是否发生倾倒垃圾的传感器。移动网络基站接收来自 MDVR 的信号，并通过电信网络与监管平台互连。各监管部门通过访问部署在云端的监管平台，远程实时监控建筑垃圾处理的全过程。

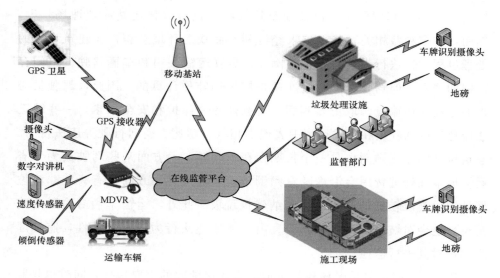

图 4.4 建筑垃圾在线监管平台体系架构

如图 4.5 所示，建筑垃圾在线监管业务主要实现下述监管内容与措施。

（1）驾驶员身份验证。

如图 4.5 所示，在驾驶员启动车辆之前，必须首先通过人脸识别系统对其进行身份验证，如果该驾驶员是未经注册的，则车辆将无法启动。

（2）非法倾倒建筑垃圾。

当车辆执行倾倒作业时，安装在车辆集装箱上的倾倒传感器将捕获信号并将其发送至监控平台。如果此时车辆并非处于指定的位置，则被视为潜在的非法倾倒建筑垃圾行为。

（3）运输过程中撒落垃圾。

理论上，车辆离开施工现场的质量应等于进入处置设施时的质量。一旦超过允许的误差范围，被视为在运输过程中撒落了建筑垃圾。

（4）非法驾驶。

由于潜在的环境污染和安全威胁，垃圾运输路线应避免拥挤的商业和住宅区。在该业务场景中，如果车辆轨迹偏离规定路线，监管平台将收到报警信息。如图 4.5 所示，如果驾驶员因特殊原因必须改变运输路线，需要向监管部门提出请求，获得许可后方可更改路线。此外，监管平台还可以通过传感器数据捕捉超速、超载等违章驾驶行为。

（5）非法运输车辆。

通过车牌识别系统可以识别未注册的车辆，并且重量传感器将在进出现场时对每辆车辆进行称重。

（6）非法垃圾处理设施。

通过跟踪和定位车辆，可以识别可疑的非法处置设施，监管平台将通过GIS获得其准确的位置。

（7）构建违法行为信用评价机制。

通过对违法行为的统计分析，建立运输企业和驾驶员的信用评价机制。所有非法行为记录都存储在数据库中，有严重或过量违法行为的运输公司和驾驶员将被列入黑名单。

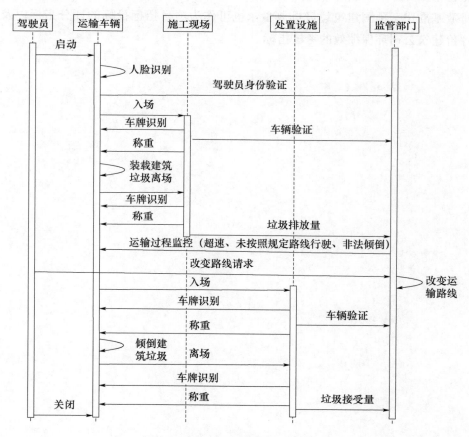

图 4.5　建筑垃圾在线监管业务场景

在该业务场景中，在线监管平台可以实时地收集每个施工现场的垃圾排放数据，以及每个处理设施的垃圾收纳数据，所有监控数据都存储在云服务器中，用于大数据分析与应用。监管部门可以对垃圾排放量按照产生时间、区域等多维度进行统计分析，为处理设施调度及运输路线规划提供决策依据。通过分析比对各施工现场的计划与实际垃圾排放量，可以评估施工单位的建筑垃圾管理绩效，并帮助它们分析存在偏差的原因。

建筑垃圾排放基准是控制建筑垃圾排放的量化标准，反映了该地区建筑工地的平均垃圾产生水平。建筑垃圾排放基准与多个因素相关，例如项目类型、建筑结构类型以及项目的地理位置。可以通过对建筑垃圾排放历史数据进行挖掘分析，来制订针对不同类型的项目的建筑垃圾排放基准。建筑垃圾排放基准用于预测建筑垃圾排放量，也可作为项目招标投标的评分指标以及评价建筑公司环保绩效的考核指标。

5   智能建造实施路径与评价机制

5.1   智能建造实施方法论

　　智能建造模式的实施是一项复杂的系统工程，涉及施工企业在技术手段、管理思想乃至思维方式等方面的重大变革，势必会受到来自利益受损方的各种阻力。与此同时，智能建造模式的实施过程中涉及业主、承包商、供应商、分包方、政府监管部门，以及第三方管理咨询机构、智能建造系统服务提供商等多个利益相关方，如何整合它们的需求并促使其作出相应的变革也是施工企业所面临的难题。尽管不同施工企业在组织架构、业务规模、管理水平与信息化能力等方面存在较大的差异，应根据自身情况科学地制定实施战略与实施计划，但在实施对象、措施与方法上都应遵循一般性的原则，即指导企业实施智能建造模式的方法论。

　　本书提出了一套适用于我国建筑施工总承包企业的智能建造模式实施方法论。实施模型如图 5.1 所示，该模型由实施对象和实施措施组成。其中实施对

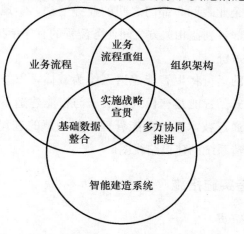

图 5.1   智能建造实施模型

象分为组织架构、业务流程和智能建造系统 3 个基本要素，实施措施包括实施战略宣贯、多方协同推进、业务流程重组，以及基础数据整合 4 个交叉要素。

5.1.1　智能建造实施对象

（1）组织架构。

传统的施工组织架构包括以政府监管部门为主导的行业治理层、施工企业经营管理层，以及工程项目管理层，属于典型的层级型组织架构，各层级、各部门之间边界分明，这样的组织必然难以适应环境的快速变化。各部门根据自身需求分别建设业务信息系统，它们彼此之间无法实现数据共享，从而形成了多个"信息孤岛"。在智能建造模式下，通过纵向打通三层架构之间的业务流与信息流，实现施工组织架构从层级化向扁平化的转变。

（2）业务流程。

在施工组织的三层架构中，每一层都包含内部的业务流程，如行业治理层的工程建设项目审批、施工安全环保监管，施工企业经营管理层的财务管理、项目成本与利润核算、招标投标管理、人力资源管理等，以及工程项目管理层的项目计划与调度、供应链管理、分包管理、质量安全管理等业务。这些业务流程之间彼此交叉关联，既有如项目成本核算等跨越管理部门与管理层级实现信息共享的业务，又有如供应链管理等需要打破公司边界实现多利益相关方协同的流程。在智能建造模式下，通过横向打通建筑业价值链上的业务流程，消除企业之间、部门之间的业务壁垒，实现施工组织内部各层级之间、组织与外部各利益相关方之间业务流程的有序衔接。

（3）智能建造系统。

智能建造模式的运行将以智能建造系统为载体，以技术系统的进步驱动组织管理机制的提升。智能建造模式的实施与智能建造系统的建设是一个相辅相成的过程，即通过技术系统赋能管理机制变革的过程。在本章 5.2 节中将详细介绍智能建造系统的建设路线图。

5.1.2　智能建造实施措施

（1）实施战略宣贯。

建筑业保守的行业文化与从业者抵制创新的风格是实施智能建造的主要

障碍，要成功地实施智能建造模式，就必须尽早在组织内部形成统一的思想认识，消除组织对变革的抗拒。通过战略宣贯工作，自上而下地转变员工思维方式，打消对智能建造模式的顾虑，营造创新氛围，逐渐形成支持变革的力量。企业高层领导的全力支持与深度参与是智能建造实施成功与否的关键。对中高层管理者来说，需要一个清晰的故事使他们理解为什么需要变革，实施智能建造模式对企业战略发展意味着什么。聘请专家介绍行业最佳实践，并提出项目实施建议，帮助施工企业管理者明确智能建造模式的实施目标，形成与企业发展战略相匹配的实施愿景。通过对标同行业标杆企业的成功案例，分析存在的差距，帮助管理层树立危机意识，进而形成支持智能建造的目标与动力。

对于广大基层员工，通过企业线上社交媒体进行宣传报道、线下海报展板等方式营造氛围，组织宣讲培训、专题报告、知识竞赛、讨论交流与征文活动等形式，逐步引导员工发挥积极性和创新精神。通过宣传培训使员工意识到智能建造模式不仅有助于提高工作效率，降低劳动强度，提供更安全、绿色环保的工作环境，而且可以创造新的工作岗位与晋升机会，并使他们自觉地将智能建造模式的实施与个人成长结合起来。

（2）业务流程重组。

新一代信息技术的赋能作用为整合企业资源与优化业务流程创造了新的机遇。业务流程重组，是指利用信息技术与现代管理手段，通过对施工企业组织架构、业务流程进行重组与优化，达到生产力最优化的目的。以智能建造系统为载体对施工组织进行业务流程重组，主要实现以下优化目标：

① 打破原有层次化的职能型组织架构，实现业务流与信息流跨越组织层级的纵向集成，进而转型为扁平化、集约式的组织架构。如对于施工环境监管业务，通过政府监管系统接入施工企业智能建造系统进行在线监管，并将监管信息向社会开放，接受公众在线监督举报，从而改变过去的政府单方监管模式，实现由政府监管、企业自律与社会监督相结合的协同治理模式。

② 对建筑行业价值链进行重组与优化，打破传统施工企业的边界，整合各种资源，建立各利益相关方端到端的协作机制。如对装配式建筑供应链管理环节，借助于智能建造系统实现从构件设计、生产加工、仓储物流到装配施工的全过程闭环管理，并与企业财务管理业务进行集成，实现与财务记账、

供应商结算付款、项目成本核算等一系列业务流程的整合。

③ 基于整体最优的思想重塑施工组织与管理流程，围绕结果而不是工序进行组织与调度。如在智能建造系统提供实时信息共享机制的基础上，基于精益管理的准时制（JIT）思想优化建筑材料供应链流程，实现材料供应节拍与施工节拍的协调一致，即在需要的时间按照需要的量供应所需要的建筑材料。

（3）基础数据整合。

施工企业的基础数据反映了其基本属性，是智能建造系统正常运行的基础和前提。这一类数据一般是固定不变的，因此也被称为静态数据。施工组织架构优化、业务流程重组以及智能建造系统的建设，都建立在统一的基础数据之上。企业基础数据的整合包括基础数据定义、编码、属性的设置与属性值的采集，以及数据组织形式的设置。经过整合后的施工企业基础数据应满足标识唯一性、编码规范性、信息完整性以及时效长期性的要求。施工企业主要基础数据见表 5.1。

表 5.1　施工企业主要基础数据

基础数据类型	详细描述
建筑材料分类数据	物料编码、物料名称、品种规格、制购类型、计量单位等参数描述其基本属性信息
供应商数据	包括供应商编码、供应商名称，供应商地址、公司性质、主营业务、生产能力、账户信息、联系方式等基本信息
材料价格数据	供应商对材料的报价，材料的成本费用结构、存货计价方法、成本计价方法等信息
施工设备分类数据	设备分类编码、设备名称、设备用途、规格型号、主要性能参数等
组织结构数据	组织结构的基本信息、层次关系、部门设置与岗位编制等
岗位角色数据	岗位编码、岗位名称、所属部门、工作职责、技能要求等
客户数据	客户基本信息、销售信息、银行信息、发票与付款信息等
财务基础数据	包括会计年度与会计期间、记账本位币、币种与汇率、税额计算方式、库存账目参数等
知识资产分类数据	知识、专利、标准、规范、工法等知识类资产的分类编码机制

基础数据的收集与处理工作量巨大，是智能建造实施过程中的难点之一。

为使基础数据整合工作顺利落地，需采取以下 3 项措施：

① 建设基础数据管理平台，作为智能建造系统的组成系统。

② 制定统一的基础数据定义标准及编码规范，应采用有含义的编码系统，以便于后期使用及维护。

③ 建立基础数据维护体系，形成统一的数据规范化组织与运行机制。

（4）协同推进机制。

智能建造的实施过程，即协调各利益相关方的需求，并促使其作出相应变革的过程。智能建筑模式的实施必然会触动原有的利益格局，因此既要态度坚定、克服阻力，又要精心组织、谨慎地推进。建立由各利益相关方共同参与的智能建造实施团队，有助于各方对实施目标、实施内容、预期收益与潜在风险等方面形成共同的认知，进而建立起各方的互信机制，联合执行实施措施。

本书提出建立以项目决策委员会、项目管理团队与专业任务小组共同组成跨组织、多方协同的智能建造实施团队。项目决策委员会由施工企业高层管理人员组成，并邀请监管部门、重点客户以及外部咨询机构的领导共同参与。项目决策委员会负责就智能建造实施过程中的重大事宜进行决策，解决各参与方纠纷等项目管理团队难以解决的问题。项目管理团队由各关键业务部门、信息管理部门的负责人，以及外部咨询机构顾问组成。负责智能建造实施与智能建造系统建设过程中的一般性事务管理，协调推进各专业任务小组的工作。专业任务小组分别按照业务流程重组、基础数据整合、智能建造系统建设等实施工作内容进行划分，负责具体的实施工作。

5.2　智能建造系统建设路线图

智能建造系统的建设是一个循序渐进、迭代优化的过程。处在任何阶段的企业，在建设智能建造系统的初期，都应从行业背景出发，结合自身特点，对具体需求、资源配给、建设周期、人员支持及目标考核进行合理的规划，对系统建设条件与资源投入进行预判，进而设计出适合企业自身条件的解决方案。本书提出了一个指导施工企业构建智能建造系统的建设路线图，如图 5.2 所示，其包括 6 个阶段：顶层设计、需求调研、解决方案设计、系统开发与测试、系统上线运行与系统运行维护。

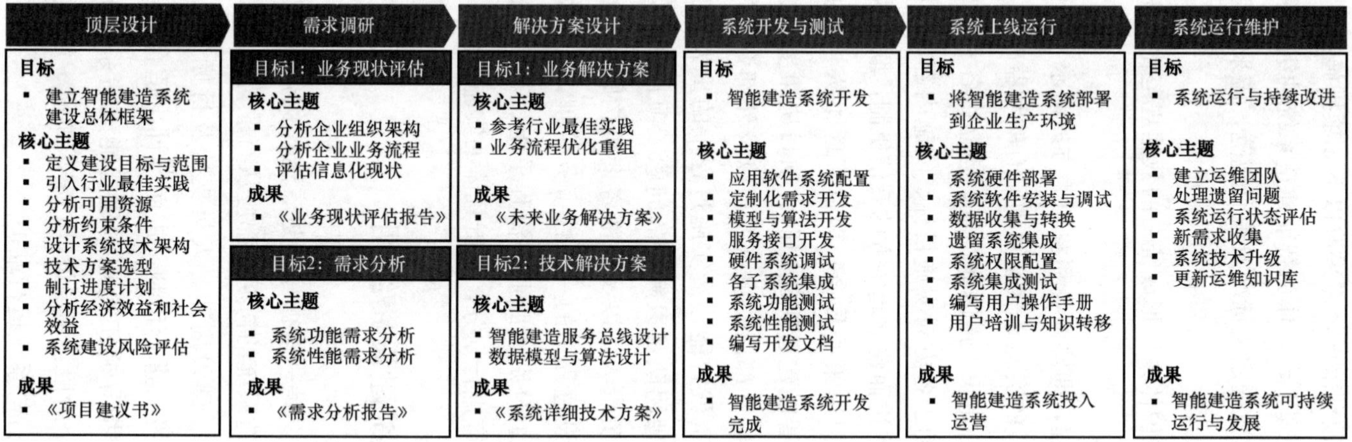

图5.2 智能建造系统建设路线图

顶层设计	需求调研	解决方案设计	系统开发与测试	系统上线运行	系统运行维护
目标 • 建立智能建造系统建设总体框架 **核心主题** • 定义建设目标与范围 • 引入行业最佳实践 • 分析可用资源约束条件 • 设计系统技术架构 • 技术方案选型 • 制订进度计划 • 分析经济效益和社会效益 • 系统建设风险评估 **成果** • 《项目建议书》	**目标1：业务现状评估** **核心主题** • 分析企业组织架构流程 • 分析企业业务流程 • 评估信息化现状 **成果** • 《业务现状评估报告》 **目标2：需求分析** **核心主题** • 系统功能需求分析 • 系统性能需求分析 **成果** • 《需求分析报告》	**目标1：业务解决方案** **核心主题** • 参考行业最佳实践 • 业务流程优化重组 **成果** • 《未来业务方案》 **目标2：技术解决方案** **核心主题** • 智能建造服务总线设计 • 数据模型与算法设计 **成果** • 《系统详细技术方案》	**目标** • 智能建造系统开发 **核心主题** • 应用软件系统配置 • 定制化需求开发 • 模型与算法开发 • 服务接口开发 • 各子系统集成 • 系统功能测试 • 系统性能测试 • 编写开发文档 **成果** • 智能建造系统开发完成	**目标** • 将智能建造系统部署到企业生产环境 **核心主题** • 系统硬件部署 • 系统软件安装与调试 • 数据收集与系统集成 • 遗留系统接口开发 • 系统权限配置 • 系统集成测试 • 编写用户操作手册 • 用户培训与知识转移 **成果** • 智能建造系统投入运营	**目标** • 系统运行与持续改进 **核心主题** • 建立运维团队 • 处理遗留问题 • 系统运行状态评估 • 新需求收集 • 系统技术升级 • 更新运维知识库 **成果** • 智能建造系统可持续运行与发展

76

（1）顶层设计。

智能建造系统顶层设计应与智能建造实施战略同步进行，根据本企业的实施战略确定系统建设的目标与范围，同时还应充分考虑业务规模、问题复杂度等因素，以及系统建设的约束条件，如建设工期、投入成本以及可用资源等方面的约束。根据建设的目标与范围设计智能建造系统的总体框架与技术架构，并对云计算平台、SOA架构等关键技术进行论证选型。在顶层设计阶段，应对系统建设周期与建设进度进行安排，设置里程碑节点，并对其经济效益、社会效益进行初步分析。此外，还应对智能建造系统的建设风险进行评估，识别潜在的风险及其影响因素，并制订风险应对计划。根据本阶段的工作成果编写《智能建造系统项目建议书》，提交项目决策委员会审核。

（2）需求调研。

需求调研的目的是分析施工企业的业务现状和信息化发展水平，并分析拟建设智能建造系统的需求。在需求调研中可采用多种调查方法，如结构化或半结构化访谈、问卷调查、数据收集或实地调查等。在业务现状评估阶段，首先应明确企业的组织架构与职责分工，特别是企业总部与项目部之间，以及总承包方与分包方之间的职责分工。在此基础上，分析企业业务流程的现状，包括供应链流程、施工组织流程、分包商协作机制、企业总部与项目部的业务往来等。业务现状分析应与业务流程重组相衔接，根据智能建造实施战略诊断企业现有业务流程，评估其流程的效能并分析症结所在，识别无效或冗余的流程，并分析如何基于智能建造系统进行流程的改进与优化。业务现状评估阶段的另一项工作是信息化现状评估，涉及分析企业已有信息系统的功能范围、技术架构、运行状态，以及彼此之间的数据互操作性，进而决定哪些系统可以被保留，而哪些必须被替换。最后，基于本阶段的工作编写《业务现状评估报告》，作为智能建造系统设计与开发的参考依据。

需求分析阶段旨在通过分析功能和性能需求，制订一份完整、清晰的《需求分析报告》，从而使系统建设团队的各成员对待开发系统形成共同的理解。在此阶段，建设团队首先应从信息化的角度出发，识别施工组织中不同管理岗位的职责与需求，厘清施工人员、设备与材料等各类建造资源之间的交互机制，消除待开发系统中潜在的功能冗余性。应站在不同项目参与方的角度分析他们对智能建造系统的功能需求，如对数字孪生的功能需求分析，应分别通过总承包商、专业分包商、监理方的视角描述他们对项目监控、施工过程仿真以及决策分析等方面的需求。在经过分析与综合之后，使用适当的模型来描述系统功能与信息处理之间的关系，从而使系统设计与开发人员准确地理解系统的功能需求。除了功能需求外，还应充分考虑对智能建造系统的性能要求，如响应性、灵活性、并发性、可靠性、可扩展性以及安全性等。应将每项性能需求细化为定量的评价指标，作为智能建造系统验收时的评价依据。

（3）解决方案设计。

智能建造系统解决方案包括业务解决方案和技术解决方案两个部分。对于业务解决方案的设计，首先应将施工企业的业务现状和需求与行业最佳实践进行对比分析，通过业务流程重组，消除工程建设过程中的各项非增值活动。在此基础上，结合具体管理应用软件的功能，逐项进行审查与分析，从而对当前每个业务流程建立解决方案。根据本阶段工作成果编写《未来业务解决方案》，提交项目指导委员会审核。

技术解决方案设计阶段的工作包括以下内容：施工现场设备及传感器网络的部署方案，物联网体系结构，基于云平台的 SOA 体系结构及其服务与接口的定义，网络通信和控制机制、数据治理结构、数据模型以及应用程序算法等。智能建造系统技术解决方案的设计将建立在业务解决方案的基础上，通过技术系统实现业务解决方案。在技术方案设计阶段，应区分业务解决方案中的哪些功能可以直接套用应用软件中的功能模块，哪些功能需要对应用软件进行必要的二次开发，而哪些功能则需要进行定制化开发。根据本阶段工作编写《系统详细技术方案》，项目管理团队根据《需求分析报告》的要求对《系统详细技术方案》进行评审，确认其是否满足各项功能及性能需求。

（4）系统开发与测试。

本阶段的主要任务是根据《系统详细技术方案》，对智能建造系统进行应用软件程序开发、系统配置与集成测试，以及硬件设备的集成与调试。在这一阶段，应该重点关注每个服务所涉及的模型和算法以及服务接口的实现。为确保智能建筑系统的开发质量，开发团队应配备独立的测试工程师，负责测试系统的功能与性能是否满足《需求分析报告》的要求。在系统开发与测试的过程中，应建立详细的文档记录资料，以便在以后的运行维护过程中追溯开发过程中存在的问题。

（5）系统上线运行。

本阶段工作内容是在智能建造系统开发与测试完成后、正式投入运行之前需要完成的一系列任务，包括施工现场设备与传感器的部署与配置、应用软件的安装与调试、基础数据的集成导入以及遗留系统的迁移。系统建设团队将根据《未来业务解决方案》为不同用户配置使用操作权限，以匹配他们在智能建造系统中的角色。系统正式上线运行前的另一项关键任务是知识转移。为了实现这一目标，应组织编写专门的用户操作手册，并针对不同专业的用户进行多轮操作技术培训，使他们有能力使用新的智能建造系统。在系统投入运行之前，需要在生产环境中与最终用户一起再次测试系统的功能与性能，发现并消除各种潜在的问题。在完成上述工作后，项目指导委员会组织对智能建造系统进行初步验收，验收通过后系统即可以投入试运行。在试运行阶段对系统运行情况进行监控，分析系统的功能与性能是否满足企业的需求，发现并处理各种问题，并编写《智能建造系统试运行分析报告》。经项目指导委员会审核通过后，施工企业对系统进行正式验收，即可正式投入运行。

（6）系统运行维护。

智能建造系统的运行维护涉及处理遗留问题、运行状态评估、新需求收集、技术和系统升级等工作。随着系统规模的不断扩大、业务应用的持续增加，智能建造系统的功能将越来越复杂，单凭个人已经无法满足如此庞大的系统运行维护工作，因为必须建立科学的运维体系。应在企业高层的支持下建立"项目现场团队—企业总部团队—外部支持团队"三级运行维护体系：

① 项目现场团队：负责现场传感器维护保养、传感器网络故障诊断与检修维护、施工设备等硬件系统运行监控与故障处理。收集系统运行过程中存在的问题，并反馈至企业总部运维团队。

② 企业总部团队：对云平台基础设施、系统网络、数据库、中间件、应用软件及系统安全等进行主动维护，收集各个项目现场反馈的运维需求，受理项目现场团队不能解决的问题，在必要时协调系统开发商、设备供应商等外部资源。

③ 外部支持团队：由系统开发商技术专家组成，负责处理企业总部运维

团队不能解决的问题。

　　智能建造系统的运行维护是一个不断改进和优化的过程，在长期的运行维护过程中将会积累一些经验和知识，因此应建立运行维护知识体系，形成可更新的运维知识库，为智能建造系统的可持续运行与发展提供保障。

5.3　智能建造系统能力成熟度模型

　　从技术系统进化理论的角度讲，任何技术系统的产生与发展都是一个循序渐进、迭代优化的过程。智能建造系统的实施与应用也是一个持续演进的过程，因此，有必要建立合理的能力成熟度评估机制，用以反映智能建造系统的技术演进路径并评估当前系统的能力发展水平。建立在评价建造能力与建造过程两个维度上，本书将智能建造系统的能力成熟度由低到高划分为以下五个等级，如图 5.3 所示。

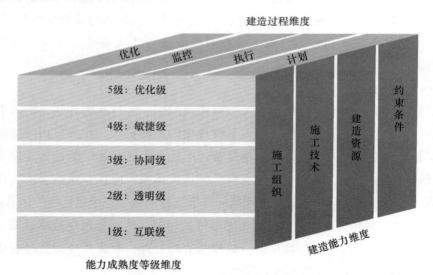

图 5.3　智能建造系统能力成熟度模型

　　（1）互联级。

　　实现了所有物理资源接入物联网，可自动采集监控数据并实时反馈控制信息。

（2）透明级。

建立了物理建造资源的数字孪生体，实现"信息物理"多源数据融合及可视化管理。消除了智能建造系统各子系统的"信息孤岛"，形成了闭环的信息流；可通过对多源数据进行挖掘分析以获得新的知识。

（3）协同级。

建立了智能建造资源的自组织控制机制，可以根据项目实际进度和资源实时状态动态地调整施工计划并分配资源。数字孪生体根据实时监控数据对建造过程进行模拟，为项目管理者提供决策支持。

（4）敏捷级。

建立了智能建造资源的自适应控制机制，当建造过程中的不确定性事件发生后，智能建造系统可自动评估事件的影响范围及程度，并及时对施工计划做出适应性调整，自动优化资源配置、作业逻辑和物流路径，以确保项目建造目标达成。

（5）优化级。

实现智能建造资源的"即插即用"性，即任何建造资源个体的接入、移除或替换都不会影响项目建造目标和智能建造系统的整体性能。智能建造系统可以根据自身的运行状态及施工环境的变化预测可能发生的冲突或异常，并通过评估已有行为的正确性或优良度，自动调整系统结构或参数，优化自身性能。

6 我国智能建造产学研发展分析

6.1 智能建造产业政策分析

6.1.1 中央政府产业政策分析

2020 年 7 月,中华人民共和国住房和城乡建设部等十三部委联合发布《关于推动智能建造与建筑工业化协同发展的指导意见》,提出坚持以供给侧结构性改革为主线,围绕建筑业高质量发展总体目标,以大力发展建筑工业化为载体,以数字化、智能化升级为动力,创新突破相关核心技术,加大智能建造在工程建设各环节的应用,形成涵盖科研、设计、生产加工、施工装配、运营等全产业链融合一体的智能建造产业体系,提升工程质量安全、效益和品质,有效拉动内需,培育国民经济新的增长点,实现建筑业转型升级和持续健康发展。《关于推动智能建造与建筑工业化协同发展的指导意见》还明确提出,到 2025 年,我国智能建造与建筑工业化协同发展的政策体系和产业体系基本建立,建筑工业化、数字化、智能化水平显著提高,建筑产业互联网平台初步建立,产业基础、技术装备、科技创新能力以及建筑安全质量水平全面提升,劳动生产率明显提高,能源资源消耗及污染排放大幅下降,环境保护效应显著。推动形成一批智能建造龙头企业,引领并带动广大中小企业向智能建造转型升级,打造"中国建造"升级版。到 2035 年,我国智能建造与建筑工业化协同发展取得显著进展,企业创新能力大幅提升,产业整体优势明显增强,"中国建造"核心竞争力世界领先,建筑工业化全面实现,迈入智能建造世界强国行列。

6.1.2 地方政府产业政策分析

2020 年 5 月,江苏省住房和城乡建设厅发布《关于推进智慧工地建设的指导意见》，要求按照"提升行业监管和企业综合管理能力、驱动建筑企业智能化变革、引领项目全过程升级"的总体要求，将施工现场所应用的各类小而精（杂）的专业化系统集成整合，利用物联网等先进信息化技术手段，提高数据获取的准确性、及时性、真实性和完整性，实现施工过程相关信息的全面感知、互联互通、智能处理和协同工作。采集、集成和应用散落在项目、企业、政府等各个层级的建筑施工海量数据，利用互联网、物联网、大数据分析等技术助力建筑产业的数字化、信息化变革，驱动产业转型升级，建设形成涵盖现场应用、集成监管、决策分析、数据中心和行业监管等5个方面内容的智慧工地。争取2020年底，全省范围推进一批智慧工地项目建设外，建成一批特色鲜明智慧工地示范片区，并实现数据互联互通，与政府监管平台数据对接全覆盖，示范引领作用由点到面进一步聚力提升；2021年所有政府投资规模以上新建工程实现智慧工地全覆盖，逐步实现基于智慧工地安全相关的大数据分析；2022年后，在智慧工地优先发展安全应用的基础上，逐步推进BIM技术、材料管控、质量管控、绿色施工等关键技术应用全覆盖，逐步形成完善的技术标准和应用体系。

2020年5月，贵州省住房和城乡建设厅发布关于《贵州省房屋市政工程智慧工地数字监管服务平台建设工作方案》的通知。要求充分发挥科技创新作用，通过房屋市政工程智慧工地数字监管服务平台技术应用和搭建以项目为主体的多方协同、多级联动、管理预控、整合高效的智能化监管平台，实现对施工现场人员、安全、质量、环境等业务的在线化智能监管，将"事后处理"转变为"事前预防""事中控制"，进一步落实参建各方主体责任和政府监管责任，强化施工现场安全隐患排查整治，持续提升建筑施工安全风险分级管控和隐患排查治理能力，提高建筑施工安全标准化、信息化、规范化水平。计划到2021年末，逐步实现"一套标准、一个平台、多个系统"的施工现场数字监管体系。

2020年6月，湖南省住房和城乡建设厅印发关于《2020年"智慧住建"工作要点》的通知，要求围绕《"智慧住建"发展规划（2018—2020年）》的总体部署，进一步完善信息化顶层设计和"一个数据中心＋智慧建设、智慧住房、智慧城管、智慧政务四大板块"的整体框架，切实抓好信息化平台建设与应用，持续推进既有平台迭代更新与互联互通，进一步助推"四智"向市县区延伸，形成省市县"一张网"，实现全省住房城乡建设行业信息全覆盖，有效提升住房城乡建设领域社会治理能力。

2021年1月，北京市住房和城乡建设委员会印发《关于激励本市房屋建筑和市政基础设施工程科技创新和创建智慧工地的通知》。通知要求按照"经济、安全、适用、绿色、美观"的要求，加快科技创新和智慧工地创建工作，在本市在建项目施工现场推广应用信息化管理方式，推荐采用物联网智能技术及相应设备，推动构建覆盖全市在建工程的"政府主推、企业主导、项目主建"三级智慧监管服务体系，推行智慧工地量化评价制度，激励具有创新、创造能力的企业实施智慧管理，推进施工现场与建筑市场信息互通，提高企业与从业人员履职尽责积极性，提升建筑企业竞争力与项目精细化管理水平，促进首都建筑业持续高质量健康发展。

在技术标准的制定方面，部分省、市、自治区、直辖市已经开展智慧工地相关技术地方标准的编制工作。例如，河北省、宁夏回族自治区、重庆市、浙江省等地相继出台了《智慧工地建设技术标准》，针对人员实名制管理、视频监控、扬尘噪声监测、施工升降机安全监控、塔式起重机安全监控、危险性较大的分部分项工程安全管理、工程监理报告、工程质量验收管理、BIM施工、移动终端教育培训等内容制定了技术规范与评价标准。

6.2 智能建造产业应用案例

当前中国建筑行业已经有众多企业开展智能建造相关的探索与实践，但多数施工企业还是以单点化应用的"智慧工地"系统为主，而集成化应用的智能建造系统平台相对较少。本节分别从施工总承包企业和智能建造服务提供商的角度，介绍部分具有代表性的智能建造的应用案例。

6.2.1 施工企业智能建造应用案例

（1）中国铁建156智慧建造管理平台。

中国铁建股份有限公司于2019年推出"156智慧建造管理平台"，该平台以"1个平台、5大终端、6个智能"打造了"现代化站房施工BIM+管理系统"，其核心是对空间数据和时间维度信息进行一体化整合，即1个"智慧建造云平台"，"物联端、大屏端、PC端、手机端、微信端"等5大终端，"智能进度、智能劳务、智能物料、智能场区、智能监控、智能调度"等6大智能管理领域。该平台将可视化管理、VR虚拟仿真场景、远程监控、远程管理等多方面有机融合为一个整体，实现数据的统一接入、统一管理和统一应用，是整合物联网监测和智慧化管理的智慧建造管理平台，全方位对现场进行综合信息化管控。

（2）中建五局管理信息化集成系统。

中国建筑第五工程局有限公司（以下简称中建五局）按照"统一规划、统一标准、统一建设、统一管理"的原则建设智慧工地平台，实现了智慧工地的单点应用。将智慧工地平台与基于微服务架构的互联网平台集成，逐步实现了业务移动化与轻量化、数据处理自动化。在此基础上针对企业运营组织管理体系、数据管理体系、业务管理体系进行整合与优化，实现财务业务一体化集成、产业链下游协同工作。经过多年信息化建设，逐步建成了具有"组织全覆盖、项目全周期、企业全成本、业务全集成"特点的信息化管理集成系统，从而推动中建五局迈入数字化转型的新时代。（引自参考文献［3］）

6.2.2　智能建造服务提供商产品案例

（1）广联达BIM软件＋智慧工地3.0解决方案。

广联达公司推出数字项目解决方案（BIM软件＋智慧工地），旨在通过综合运用BIM和云计算、大数据、物联网、移动互联网及人工智能技术，实现施工现场"人、机、料、法、环"等关键要素的全面感知与实时互联，进而驱动施工管理的转型升级。如图6.1所示为该解决方案的系统架构，其主要功能模块的建设目标与核心功能如下。

①BIM建造。

系统目标：利用BIM技术改变施工策划、技术方案、设计变更，实现构件级精细管理。

核心功能：施工模拟、三维技术交底、图纸问题跟踪、设计变更管理、构件跟踪、规范查询。

②劳务管理。

系统目标：以劳务实名制为基础，以"物联网＋智能硬件"为手段，通过采集、传输和分析施工现场劳务用工数据，为项目管理者提供科学的劳务

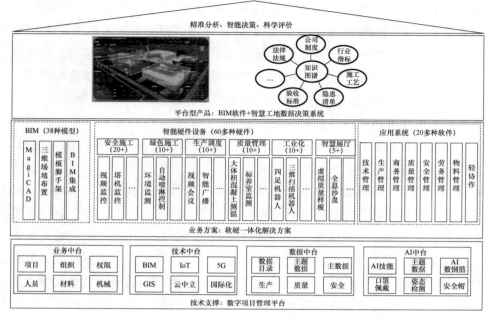

图 6.1　广联达 BIM 软件＋智慧工地 3.0 架构图

管理决策依据。

核心功能：在项目管理端实现人员登记、安全教育、人员考勤、现场管理、工资管理及统计分析功能；在企业管理端实现规则管理、流程管理、数据管理与评价管理功能。

③ 安全施工。

系统目标：利用物联网及人工智能技术自动监测并识别安全隐患，实现安全智能化管理。

核心功能：风险分级管控、隐患排查治理、危险工程管理、VR 安全教育管理。

④ 物料管理。

系统目标：利用物联网、云计算及人工智能技术替代现场手工作业，节约成本。

核心功能：材料进出场、拌和站原材半成品、现场工程实体消耗的数量管控。

⑤ 质量管理。

系统目标：基于 BIM、移动互联网和大数据技术，实现质量管控标准化、过程管理规范化、企业与项目决策数字化。

核心功能：质量规划、企业检查、质量巡查、实测实量、质量评优、质量评价。

⑥ 生产管理。

系统目标：计划管理严禁可控、跟踪管控及时完整、生产协作高效便捷、分析决策有理有据。

核心功能：计划管理、自动生成计划、在线任务协同、3D 作战地图、数字例会、企业进度管控。

⑦ 商务管理。

系统目标：基于 BIM 技术实现成本的精细化管理，让源头算得清、过程控得住。

核心功能：一键收入拆分、目标责任成本编制、产值统计、物料节超分析、经营分析会。

（2）鲁班智慧工地 2.0 解决方案。

如图 6.2 所示，鲁班软件提出了一套基于"BIM＋GIS＋IoT"的智慧工地解决方案，实现 IoT 数据与 BIM 数据的集成、GIS 高精度还原，支持企业级部署以及对接政府监管平台。通过系统集成，将鲁班 BIM 系统平台软件与传统智慧工地系统对接，在基于 BIM 项目管理的同时，提高施工现场信息数据的及时性和互通性，避免产生"信息孤岛"。同时基于云平台的软件架构，确保信息数据的可追溯性，实现了对"人、机、料、法、环"五要素的集成化监管。

（3）腾讯微瓴智能建造平台。

如图 6.3 所示为腾讯公司推出的微瓴智能建造平台。以该平台为基础，与大象云、地厚云图、有明云在 BIM 数据应用、工程建设数字化交付与运用及可售物业的销售与交付等领域深度合作协同，为工程建造领域提供一站式建筑产业互联网平台。通过融合物联网数据、业务数据与空间数据，打造全域数据模型，连接业务端、政府端与客户端用户，实现数据共建共用、模型共建共享、应用共建共生。该平台覆盖了建筑全生命周期，运用云计算、大数据、物联网、AI、区块链等技术，同时融入供应链金融，打通多方数据，为行业提供金融业务、工人工资代发、建筑保险等服务，从而推动建筑业产业升级，助力建筑业数字化转型。

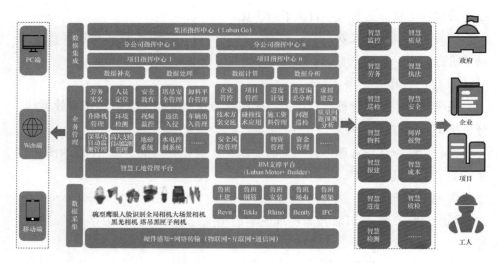

图 6.2 "鲁班 BIM＋智慧工地 2.0"架构图

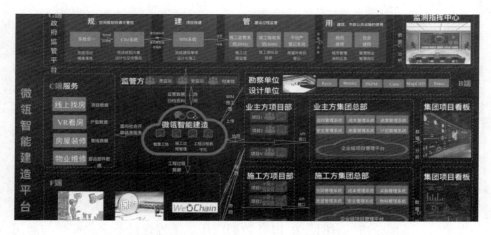

图 6.3 腾讯微瓴智能建造平台（图片引用于腾讯云网站）

6.3 智能建造理论研究现状与发展趋势

6.3.1 智能建造理论研究现状

我国关于智能建造理论的研究起源于 20 世纪末清华大学、华中科技大学等高校及中国建筑科学研究院开展的土木工程信息技术研究工作。21 世纪初，土木工程信息化研究主要集中在 CAD 与 BIM 等技术的应用，以及工程管理信息系统的研发等方向。2010 年之后，随着第四次工业革命的到来，新一代信息技术在建筑施工中的应用成为研究的热点，并衍生出了"智慧工地""智慧施工"等相关概念，但是鲜有基础理论方向的研究成果报道。笔者通过检索中国知网，发现自 2018 年末开始出现以"智能建造"为主题的研究文献，并在 2020 年后呈现出发文量大幅度增长的趋势。截至 2021 年 6 月在中文核心期刊发表的以智能建造为主题的研究文献（不含教育教改论文）见表 6.1，其中企业发表论文数量与高校及科研机构大约各占半数，由此可见面向智能建造的研究已得到了产业界与学术界的广泛关注。通过分析表 6.1 可以发现，目前关于智能建造方向的研究主要集中在智能建造系统体系架构、智能建造控制理论、现代信息技术与传统施工技术融合、智能建造工程实践与技术应用等方面。总体来看，智能建造理论研究还处于起步阶段，许多隐藏在工程技术问题背后的基础科学问题有待发掘与凝练，需要通过进一步揭示现代信息技术驱动传统建筑业转型升级的机理，进而指导智能建造工程应用与实践。

表 6.1 近年国内核心期刊智能建造研究论文统计

序号	论文标题	期刊名称	第一作者单位	发表时间
1	富水砂卵层基坑封闭降水与回灌工程关键技术	都市轨道交通	济南轨道交通集团	2021 年 06 月 18 日
2	混凝土 3D 打印加筋增韧方法研究进展	工业建筑	河北工业大学	2021 年 06 月 15 日
3	智能建造系统基础理论与体系结构	土木工程与管理学报	福建工程学院	2021 年 04 月 15 日
4	浅谈黄土隧道未来技术发展	现代隧道技术	中国铁建股份有限公司	2021 年 04 月 15 日
5	全过程自适应桥梁智能建造体系研究与应用	公路	中交第二航务工程局有限公司	2021 年 04 月 09 日
6	智能建造产业的核心企业供应链组织结构解析	建筑经济	重庆大学	2021 年 04 月 05 日
7	工程建设管理中智能建造技术的创新应用	建筑经济	新乡学院	2021 年 04 月 05 日

续表

序号	论文标题	期刊名称	第一作者单位	发表时间
8	基于数字孪生的智能建造方法及模型试验	建筑结构学报	北京工业大学	2021 年 04 月 01 日
9	仿真大坝建设关键技术与实践应用	清华大学学报（自然科学版）	中国水利水电科学研究院	2021 年 03 月 04 日
10	白鹤滩特高拱坝智能建造技术与应用实践	清华大学学报（自然科学版）	中国三峡建设管理有限公司	2021 月 03 年 04 日
11	中国公路隧道近 10 年的发展趋势与思考	中国公路学报	中国隧道局集团有限公司	2020 年 12 月 15 日
12	铁路连续梁桥智能施工关键技术研究与应用	铁道工程学报	中国铁道科学研究院	2020 年 11 月 15 日
13	智能建造技术在预制 T 梁生产线的应用	建筑经济	中铁一局集团天津建设工程有限公司	2020 年 09 月 05 日
14	京张高速铁路智能化技术应用进展	铁道标准设计	中铁工程设计咨询集团有限公司	2020 年 09 月 02 日
15	智能建造技术在京雄城际铁路的应用	铁道建筑	中国铁道科学研究院集团有限公司电子计算技术研究所	2020 年 08 月 20 日
16	智能建造背景下铁路施工企业技术创新实践	建筑经济	中铁一局集团天津建设工程有限公司	2020 年 08 月 05 日
17	智能建造闭环控制理论	清华大学学报（自然科学版）	中国华能集团有限公司	2020 年 07 月 28 日
18	基于智能建造的快速全装配大跨度预应力空间钢结构体系创新研究展望	北京工业大学学报	北京工业大学	2020 年 06 月 10 日
19	基于"BIM＋物联网"的智能建造综合管理系统研究	建筑经济	西安建工集团有限公司	2020 年 06 月 05 日
20	铁路路基工程信息化技术	铁道建筑	中国铁道科学研究院集团有限公司铁道建筑研究所	2020 年 04 月 20 日

序号	论文标题	期刊名称	第一作者单位	发表时间
21	高速铁路隧道智能建造关键技术与发展趋势	铁道建筑	中国铁道科学研究院集团有限公司铁道建筑研究所	2020 年 04 月 20 日
22	基于智能建造的负泊松比耗能钢板的形式设计及优化	工业建筑	常州大学	2020 年 04 月 20 日
23	沥青路面智能建造管控体系的研究与实践	公路	上海公路桥梁（集团）有限公司	2020 年 02 月 17 日
24	铁路隧道智能建造技术的发展与应用	现代隧道技术	中国铁路经济规划研究院有限公司	2019 年 12 月 15 日
25	三维激光测量技术在大型复杂钢结构工程建造中的应用	测绘通报	山东省国土测绘院	2019 年 08 月 15 日
26	铁路隧道智能化建造装备技术创新与施工协同管理展望	隧道建设	中国铁建重工集团有限公司	2019 年 05 月 05 日
27	大数据智能制造在建造业应用及发展对策研究	科技管理研究	天津工业大学	2019 年 04 月 20 日
28	新型建筑工业化的模数协调与智能建造	建筑科学	北京交通大学	2019 年 03 月 20 日
29	金沙江水电工程智能建造技术体系研究与实践	水利学报	中国长江三峡集团有限公司	2019 年 02 月 27 日
30	乌东德及白鹤滩特高拱坝智能建造关键技术	水利发电学报	中国长江三峡集团有限公司	2019 年 01 月 23 日
31	大型水电工程建设全过程数字化动态管控	水利发电学报	中国长江三峡集团有限公司	2018 年 12 月 26 日
32	港珠澳大桥岛隧工程智能建造探索与实践	科技进步与对策	中国交通建设股份有限公司	2018 年 12 月 25 日

2019 年中国工程院启动重点咨询项目《中国建造 2035 战略研究》，旨在以智能建造为技术支撑，以建筑工业化为产业路径，以绿色建造为发展目标，以建造国际化提升企业品牌和国际竞争力，制定"中国建造"高质量发展战略规划，实现工程建造的转型升级，实现工程建造的可持续高质量发展，为

我国现代化建设和"一带一路"倡议提供强有力的支撑，从建造大国走向建造强国。该项目分为中国建造高质量发展战略目标与路径、中国智能建造工程、中国新型工业化建造、中国建造全球化发展、中国绿色建造工程、中国建造组织与机制创新等 6 个子课题。其中"中国智能建造工程"子课题立足我国工程建造技术发展实践，围绕我国工程软件、工程物联网、工程大数据以及自动化工程机械等重点领域，探索具有中国特色的工程建造智能化创新发展之路，重点开展以下 4 方面的研究内容：

① 数字建造工程基础软件研究。

② 工程建造物联网技术体系研究。

③ 工程建造高端装备研究。

④ 工程建造大数据平台研究。

6.3.2　智能建造理论研究存在的问题

当前智能建造已由最初的新兴概念迅速发展成为一个热门的研究领域，涉及土木工程、工程管理、计算机科学、人工智能、自动化、机械工程等多门学科，属于典型的交叉学科范畴。然而，相对于产业应用需求的快速上升，目前智能建造基础理论研究却总体相对滞后，主要体现在以下 4 个方面。

（1）通过现代信息技术驱动施工组织能力提升的机理尚不明确，未来智能建造模式下的业务应用场景尚不清晰。

（2）集成各类异构建造资源，实现其协同工作的机理尚不明确；物理建造过程与虚拟建造过程的双向同步与交互作用机制尚未建立。

（3）打通建筑产业价值链的业务流程壁垒，消除施工组织内部"信息孤岛"的方案尚未建立。

（4）指导推广实施智能建造模式的策略、方法与路径尚不清晰，并且缺乏科学的实施成效与投资收益评价机制。

6.3.3　未来智能建造理论研究发展趋势

（1）技术系统驱动施工管理机制创新。

探索通过现代信息技术实现精益建造、绿色建造、集成项目交付等新型建造模式的工作机理；在此基础上建立未来智能建造模式下的各种业务应用场景，并分析其技术实现原理。以智能建造系统为技术实现载体，整合原有的各类信息系统，通过纵向消除施工组织不同管理层级的信息孤岛、横向整合跨越建筑产业价值链的业务流程，实现任意工作流程从发起端到结束端的无缝集成，从而形成扁平化、集约式的施工组织管理模式。

（2）虚实融合的建造资源协同优化。

基于物联网技术同步关联 BIM 设计模型，形成在建建筑物的实时建造模型，作为在信息空间中的数字孪生体。在数字孪生体中建立人、机、料、法、环等各类建造资源要素的虚拟映射，实现物理建造资源与信息资源的深度融合与实时交互。建立对各类建造资源的分布式协同控制机制，使其能以最优的策略动态匹配建造任务，实时响应施工环境的变化，并可通过评估已有行为的优良度改进自身的组织结构。

（3）数据驱动的施工过程闭环控制。

建立在施工组织内部纵向集成的基础上，通过实时采集现场监测数据，获得对物理施工过程与施工环境的状态感知，然后在信息空间中基于数字孪生体进行数据建模与仿真分析，再将经过优化后的控制信息发送到施工现场，从而形成数据驱动的施工过程闭环控制机制。

6.4 智能建造人才培养体系

6.4.1 智能建造新工科本科专业

根据《教育部关于公布 2017 年度普通高等学校本科专业备案和审批结果的通知》（教高函〔2018〕4 号）公告，我国高校首次开设智能建造专业（专业代码：081008T）。本专业适应国家建设需要，培养学生德、智、体、美全面发展，具有较好的数学和力学基础，能熟练掌握土木工程专业的基本知识，精通工程结构智能设计原理、构件生产和施工技术，能够应用相关计算机开发语言和工程建造的一般机械和控制工程原理，完成现代土木工程的智能设计、智能生产、智能施工和全过程运行维护管理，并具备终身学习能力、创新能力和国际视野的行业人才。同济大学于 2018 年率先招收智能建造本科生，之后各层次高校相继开设该专业，截至 2021 年，全国共有 47 所本科院校招收智能建造本科生。

6.4.2 福建工程学院智能建造专业建设案例

福建工程学院"土木工程"学科办学历史溯源于1907年公立苍霞中学堂开设的土木科。历经百余年的建设和发展，为建筑业特别是福建省建筑业的发展培养了大批行业精英。福建工程学院土木工程学科现拥有一级学科硕士学位授权点、省级重点学科和省级应用型学科、国家一流本科专业建设点，下设结构工程、岩土工程、土木工程建造与管理3个学科方向。

为适应现代建筑产业转型升级发展需要，探索智能建造人才培养模式，福建工程学院于2018级、2019级以土木工程专业为基础开设两届"智慧建造综合实验班"，并于2020年经教育部批准正式招收智能建造专业本科生。在经过多轮产业人才需求调研后，并结合本校优势学科资源制订了智能建造专业人才培养方案，将目标定位为培养具备扎实的理论基础、系统的专业知识、突出的实践能力，具有良好的人文素养、职业道德和协作精神，具备终身学习能力与创新性思维，掌握土木工程、机械工程、电子信息科学与工程、控制科学与工程、工程管理等学科的基本原理和基本方法，具有跨界发展能力，适应建筑业新业态、新技术发展需求的高素质应用型人才。毕业生能够在土木建筑等设施的智慧规划与设计、智慧生产与施工、智慧运维与管理等土木工程及相关领域成长为解决实际工程问题的技术或管理骨干。

智能建造专业毕业总学分为180学分，要求其中全校性公共选修课修满10学分，全校性公共选修课中要求包括数学与自然科学类课程1.5学分、课程创新创业类课程1.5学分、科技创新与实践活动1.5学分。表6.2～表6.5分别为本专业工程基础类课程、专业基础类课程、专业课程，以及工程实践与毕业设计的课程设置与学分分配表。在专业课程建设方面，针对本专业多学科交叉融合的特点，提出了"＋课程"与"课程＋"的理念。"＋课程"是在原有土木工程主干课程的基础上，增加了信息类、机械类及工程管理类等交叉学科的专业课程；而"课程＋"则是在原有的土木工程专业课程中融入了交叉学科的内容，尤其是应用跨学科知识与技术解决土木工程问题的教学案例。

表 6.2 工程基础类课程

课程性质	课程名称	学分（分）	学时数（h）					各学期授课周数、周学时（h）								备注
			总学时	其中				一	二	三	四	五	六	七	八	
				授课	上机	实验	实践									
学科与专业基础必修课	Python 语言程序设计	4.0	64	32	32					6						
	土木工程制图	2.0	32	32				4								
	智能建造概论	1.0	16	16				2								
	计算机绘图与 BIM 建模	1.5	24		24				2							
	工程地质	2.0	32	32					2							
	土木工程材料	2.0	32	32					2							
	理论力学	2.5	40	40					4							
	材料力学	4.0	64	64					4							
	流体力学	1.5	24	20		4				2						
	智能测绘	2.0	32	32						4						
	结构力学	4.0	64	64						5						
	工程热力学与传热学	2.0	32	32						2						
	运筹学	1.5	24	24						2						
	小计	30	480	420	56	4	0	6	6	14	7	8	0	0	0	

表 6.3 专业基础类课程

课程性质	课程名称	学分（分）	学时数（h）					各学期授课周数、周学时（h）								备注
			总学时	其中				一	二	三	四	五	六	七	八	
				授课	上机	实验	实践									
学科与专业基础必修课	土力学与基础工程	3.5	56	50		6					4					
	工程结构基本原理	3.0	48	48								4				
	工程结构设计	2.0	32	32									4			
	工程系统分析与优化	1.5	24	24									2			
	建设工程经济	1.5	24	24									2			

课程性质	课程名称	学分（分）	学时数（h）					各学期授课周数、周学时（h）								备注
			总学时	其中				一	二	三	四	五	六	七	八	
				授课	上机	实验	实践									
学科与专业基础必修课	工程项目管理	2	32	32										3		
	土木工程试验	1.0	16			16							2			
	土木工程计量与计价	2.0	32	28	4									3		
	小计	16.5	264	238	4	22	0	0	0	0	4	6	8	6	0	

表6.4 专业课程

课程性质	课程名称	学分（分）	学时数（h）					各学期授课周数、周学时（h）								备注
			总学时	其中				一	二	三	四	五	六	七	八	
				授课	上机	实验	实践									
专业课	房屋建筑科学	2.5	40	40								4				
	智能控制	2.0	32	32									4			
	钢结构基本原理与设计	3.5	56	56									6			
	工程结构抗震设计	3.0	48	48										6		
	土木工程大数据与云计算	1.5	24	24										2		
	智能感知与信息融合	1.5	24	24									2			
	智慧施工技术	2.5	40	40									4			
	智慧施工组织	2.0	32	24		8								4		
	智能机械与机器人	1.5	24	24									2			
	工程结构全寿命运维	1.0	16	16										2		
	小计	21	336	328	8	0	0	0	0	0	0	4	18	14	0	

续表

课程性质	课程名称	学分（分）	学时数（h）					各学期授课周数、周学时（h）								备注
			总学时	授课	上机	实验	实践	一	二	三	四	五	六	七	八	
院系选修课	土木工程信息技术	1.5	24		24									2		
	专业英语	1.5	24	24								2				
	建设工程法规	15	24	24										2		
	装配式结构设计与施工	2.0	32	32									4			
	结构韧性与智能防灾	2.0	32	32										2		
	数据采集与集成技术	1.5	24	24										2		
	工业化构件制造技术	1.5	24	24										2		
	智能算法分析与设计	2	32	16	16							4				
	智能软件工程	2	32	32								4				
	机器学习	1.5	24	24								2				

注：院系选修课至少修满5.5学分。

表6.5 工程实践与毕业设计

课程性质	课程名称	学分（分）	各学期实践周数、周学时							
			一	二	三	四	五	六	七	八
集中实践性教学环节	入学教育	0	0.5周							
	毕业教育	0								0.5周
	军事训练	(1.0)	2周							
	土木工程材料实验	0.5			2周					
	材料力学实验	0.5			2周					
	认识实习	1.0		1周						
	工程地质实习	0.5			0.5周					
	智能测绘实习	2.0					2周			

续表

课程性质	课程名称	学分（分）	各学期实践周数、周学时							
			一	二	三	四	五	六	七	八
集中实践性教学环节	结构体系与概念实验	0.5				0.5周				
	基础工程课程设计	1.0				1周				
	生产实习	4.0						6周		
	毕业实习	2.0								2周
	毕业设计	14.0								14周
	房屋建筑科学课程设计	1.0					1周			
	混凝土结构课程设计	1.0						1周		
	建筑钢结构课程设计	1.0						1周		
	工程结构智慧设计	2.0						2周		
	智慧施工技术课程设计	1.5						1.5周		
	智慧施工组织课程设计	1.5							1.5周	
	工程结构全寿命运维实验	0.5							0.5周	
	工艺实训	2.0						2周		
	土木工程计量与计价课程设计	1.0							1周	
	小计	37.5	2.5周	1周	1.5周	2周	3周	11周	5周	16.5周

6.4.3 智能建造职业技能培训体系

2021年5月，中国建设教育协会发布《关于开展智能建造工程师专业技术等级考试的通知》。智能建造工程师专业技术等级培训考试分初、中、高三个级别，每个级别考试均设智能建造理论、智能建造实务两个科目，考试内容包括建造工业化及信息化、物联网、大数据、云计算、移动互联网等新兴技术，同时包括智能设计、智能制造、智能施工、智能组织及管理等工作体系，对于经培训考试合格的考生颁发相应等级的专业技术证书。

为提高智能建造行业从业人员的整体素质，促进智能建造行业从业人员的专业化，中国通信工业协会面向房地产开发、设计院、施工单位、监理单位等相关从业人员，工程建设领域相关咨询公司、顾问公司等从业人员以及土木工程、工程管理等专业广大在校师生开展智能建造专业技术培训活动。通过教育培训建立全国"一级智能建造师""智能建造高级项目经理""智能建造工程师""智能建造项目管理师"专业人才数据库，形成完善考核体系，实现智能建造职业技术人才"专业化、规范化、职业化"的总体目标。

6.5 智能建造产业政策实施建议

面对新的战略发展机遇，我国应积极探索智能建造的发展路径与模式，充分发挥政府在顶层设计、规划布局、政策制定等方面的引导作用，加强战略谋划与前瞻部署，为推广实施智能建造模式，实现建筑业智能化转型升级营造良好的发展环境。

（1）加大基础研究投入。

加大对智能建造基础研究的支持力度，健全以政府投入为主、社会多渠道投入机制，鼓励相关高校和科研院所开展基础前沿问题的研究工作。引导社会各界对基础研究的投入与布局，健全并鼓励支持基础研究、原始创新的体制机制，探索多元化财政的投入方式，完善研发投入的政策体系，提升研发经费投入的有效性与针对性，切实增强智能建造基础研究能力。

（2）加强技术创新研究。

构建良好的产业创新生态，建立跨领域、跨行业的协同创新体系，激发建筑施工企业的创新创造活力，引导企业与高校合作建立智能建造产学研协同创新中心，推动科技成果的落地转化与应用。加快先进建造设备、智能设备的研发、制造和推广应用，加快推进信息物理系统、BIM、物联网、大数据、移动互联网等智能建造关键技术的集成化应用，实现项目建设全生命周期的信息共享与数字化管理。

（3）加强顶层架构设计。

统筹规划建筑业智能化转型升级路径，做好顶层设计，整体推进智能建造模式的推广实施。加强智能建造应用现状调查与分析，找准智能建造技术在项目进度、造价、质量、安全、环保等管理要素方面的关键应用需求，避免出现设计开发与实际工程应用需求之间的脱节问题，保证智能建造系统建设切实取得成效。

加快编制智能建造技术标准，支持企业编制标准，加强技术创新，解决异构系统的数据融合问题，提高各类技术与应用软件系统的集成度，促进智能建造关键技术研究成果转化为标准规范。建立集成统一的智能建造系统平台，实现工程项目管理层与企业经营管理层、政府监管层的纵向集成；建立统一的功能模块标准，明确智能建造系统应具备的基本功能；建立统一的设备参数标准，明确智能建造系统所采用设备的主要技术参数；建立统一的数据标准，确定智能建造系统的基础数据内容、各子系统之间的数据互操作性，以及与政府监管平台集成的数据接口格式。解决市场上存在的软硬件系统众多、技术标准不统一、技术选型困难、难以集成化应用等问题。

（4）培育智能建造产业体系。

重点培育一批智能建造骨干企业，打造一批智能建造示范性应用工程，引领广大中小企业智能化转型升级，从而带动建筑产业链的资源优化与协同发展。将智能化建造能力转化为施工企业的资源优势，依托于智能建造系统平台向产业链上下游延伸，构建工程建造智能化生态圈，催生智能建造全过程咨询服务、智能施工装备制造、智能建造软件开发与系统集成等一系列新兴产业，进而吸引大量社会资本涌入，催生新的职业与工作岗位，形成新的经济增长点。推动工程建造全生命周期各环节的无缝衔接与高效协同，实现建筑产业链上下游企业间的数据共享与业务协同，形成基于智能建造的新设计、新建造与新运维模式，进而带动上下游产业发展并催生出新业态，打造互利共赢的价值网络，构建跨界融合的智能建造产业体系。

（5）加大政策支持力度。

将各类产业支持政策向智能建造领域倾斜，制定合理的税收优惠政策，对经认定并取得高新技术企业资格的智能建造企业可按规定享受相关优惠。企业购置使用智能建造重大技术装备可按规定享受企业所得税、进口税收优惠等政策。推动建立和完善企业投入为主体的多元化投融资体系，鼓励金融机构对符合条件的企业开辟绿色通道，增大信贷支持力度，鼓励创业投资和产业资本投向智能建造领域，利用各类专项资金支持引导智能建造产业发展，创新融资方式，拓宽融资渠道，通过购买服务、政府和社会资本合作（PPP）等形式，引导社会资本参与智能建造产业发展。

在项目的立项、审批、发包等各环节明确鼓励性措施，将智能建造实施情况纳入施工招标投标评分体系与施工企业信用评价体系。结合科技创新、污染防治等方面的政策，加大对智能建造技术应用的政策支持力度。对于实施效果明显、成效显著的智能建造优秀项目与应用案例，定期向社会公布并适时组织交流学习。

（6）加大人才培养力度。

建立智能建造人才培养与发展的长效机制，鼓励骨干企业和科研单位依托重大科研项目及示范性应用工程，培养一批行业领军人才、专业技术人才、经营管理人才和产业工人队伍。重点培养具备跨学科知识背景的高素质专业人才，引导企业与高校科研院所深化合作，建立"行业协（学）会＋高校（科研院所）＋企业"的人才联合培养机制，为智能建造产业发展提供人才保障。

提升智能建造职业技能培训体系。建设一批具有智能建造技能培养优势的人才培训基地，培育一批优质技工院校，开发一批高质量的智能建造技术通用培训教材、培训标准与课程方案，打造一批互联网职业培训平台与公共实训基地，全面提升智能建造技能实训能力。鼓励行业协会定期发布数字技能类职业就业、职业培训和岗位需求情况，积极开发智能建造职业技能评价标准，推进职业技能等级认定工作，引入数字技术创新人才评价方式。

（7）加大新闻宣传力度。

加强组织策划工作，加大新闻发布与宣传力度，充分利用各类媒体尤其是新媒体手段，通过邀请媒体跟踪报道、举行智能建造系统平台上线仪式、举办网上专家讲座论坛等多种方式，深入宣传住房城乡建设系统对推动智能建造工作的重要部署、重要举措、重要成就，充分展现各地的创新经验，为智能建造模式的推广实施营造良好的舆论氛围。多渠道、多形式深入宣传智能建造应用成果和取得的经济、社会效益，广泛宣传智能建造基本知识，定期组织相关技术交流研讨，发布行业新技术、新产品和前沿信息等，提高行业对智能建造相关技术的整体认知度和接受度，营造各方共同关注、支持智能建造产业发展的良好氛围。

（8）打造良好的产业发展生态。

采用"市场主导、政府引导、整体推进、重点突破、先易后难、分步实施、创新驱动、融合发展"的策略，建立与智能建造模式相适应的制度体系、标准体系、管理体系，形成完善的智能建造产业生态。充分发挥相关企事业单位、行业学（协）会的作用，开展政策宣贯、技术指导、交流合作与成果推广工作。建立跨行业、跨学科的新型发展联盟，构建开放共享的协同生态，培育和发展试点示范工程，建设应用场景，推广成熟技术，宣传成功经验。鼓励有智能建造技术研发能力的大型施工企业，在探索应用智能建造技术解决现场实际问题和实现关键环节管控等方面先行先试，鼓励其制定相应技术标准；鼓励集成服务商提供智能建造总体解决方案，面向某一施工企业或某一地区政府提供一揽子技术服务。构建国际化创新合作机制，加强国际交流，推进开放合作，打造"中国智能建造"品牌，将智能建造作为我国推进"一带一路"倡议、参与国际竞争的"亮点"与核心优势。通过政府引导各界积极布局相关技术和应用，把握发展机遇，稳步推进智能建造模式，最终形成协同创新、产用结合、以市场促发展的智能建造产业新生态。

参考文献

［1］丁烈云．数字建造导论［M］．北京：中国建筑工业出版社，2019.

［2］陈珂，丁烈云．我国智能建造关键领域技术发展的战略思考［J］．中国工程科学，2021，23（04）：64-70.

［3］邓尤东．建筑企业数字化与项目智慧建造管理［M］．北京：中国建筑工业出版社，2020.

［4］李久林．智慧建造关键技术与工程应用［M］．北京：中国建筑工业出版社，2017.

［5］雷万云，姚俊．工业 4.0：概念、技术及演进案例［M］．北京：清华大学出版社，2019.

［6］丁烈云．智能建造推动建筑产业变革［N］．中国建设报，2019-06-07.

［7］毛志兵．智慧建造决定建筑业的未来［J］．建筑，2019（16）：22-24.

［8］樊启祥，林鹏，魏鹏程，等．智能建造闭环控制理论［J］．清华大学学报（自然科学版），2021，61（07）：660-670.

［9］毛超，彭窑胭．智能建造的理论框架与核心逻辑构建［J］．工程管理学报，2020，34（05）：1-6.

［10］尤志嘉，郑莲琼，冯凌俊．智能建造系统基础理论与体系结构［J］．土木工程与管理学报，2021，38（02）：105-111.

［11］尤志嘉，吴琛，刘紫薇．智能建造理论体系框架与研究发展趋势［C］．武汉：2021智慧城市与智能建造高端论坛，2021.09.

［12］YOU Z J, FENG L. Integration of Industry 4.0 Related Technologies in Construction Industry：A Framework of Cyber-Physical System［J］．IEEE Access，2020，8：122908-122922.

［13］YOU Z J, Wu C. A framework for data-driven informatization of the construction company［J］．Advanced Engineering Informatics，2019，39：269-277.

［14］YOU Z J, FU H L, Shi J. Design-by-analogy：A characteristic tree method for geotechnical engineering［J］．Automation in Construction，2018，87：13-21.

［15］YOU Z J, WU C, ZHENG L Q, et al. An informatization scheme for construction and demolition waste supervision and management in China [J]．Sustainability，2020，12 (4)．1671.

[16] DEWIT A，KOMATSU. Smart construction，creative destruction，and Japan's robot revolution [J]．The Asia-Pacific Journal，2015，13 (5)：2.

[17] COLOMBO A W，KARNOUSKOS S，KAYNAK O，et al. Industrial cyberphysical systems：A backbone of the fourth industrial revolution [J]．IEEE Industrial Electronics Magazine，2017，11 (1)：6-16.

[18] 高小慧，成虎，徐鑫，等．施工企业项目管理的组织运行模式研究 [J]．项目管理技术，2016，14 (06)：11-16.

[19] TANG S，SHELDEN D R，EASTMAN C M，et al. A review of building information modeling (BIM) and the internet of things (IoT) devices integration：Present status and future trends [J]．Automation in Construction，2019，101：127-139.

[20] TAO F，ZHANG H，LIU A，et al. Digital twin in industry：State-of-the-art [J]．IEEE Transactions on Industrial Informatics，2019，15 (4)：2405-2415.

[21] CHAWLA V，CHANDA A，ANGRA S，et al. The sustainable project management：A review and future possibilities [J]．Journal of Project Management，2018，3 (3)：157-170.

[22] OESTERREICH T D，TEUTEBDRG F. Understanding the implications of digitisation and automation in the context of Industry 4.0：A triangulation approach and elements of a research agenda for the construction industry [J]．Computers in industry，2016，83：121-139.

[23] MRUGALSKA B，WYRWICKA M K. Towards lean production in industry 4.0 [J]．Procedia engineering，2017，182：466-473.

[24] ANSAH R H，SOROOSHIAN S，Mustafa S B. Lean construction：an effective approach for project management [J]．ARPN Journal of Engineering and Applied Sciences，2016，11 (3)：1607-1612.

[25] MATSUI Y. An empirical analysis of just-in-time production in Japanese manufacturing companies [J]．International Journal of production economics，2007，108 (1-2)：153-164.

[26] 鲍跃全，李惠．人工智能时代的土木工程 [J]．土木工程学报，2019，52 (05)：1-11.

[27] WOODHEAD R，STEPHENSON P，MORREY D. Digital construction：From point solutions to IoT ecosystem [J]．Automation in Construction，2018，93：35-46.

[28] TAO F，ZHANG H，LIU A，et al. Digital twin in industry：State-of-the-art [J]. IEEE Transactions on Industrial Informatics，2019，15（4）：2405-2415.

[29] BILAL M，OYEDELE L O，QADIR J，et al. Big Data in the construction industry： A review of present status，opportunities，and future trends [J]. Advanced engineering informatics，2016，30（3）：500-521.

[30] CHEN H M，CHANG K C，LIN T H. A cloud-based system framework for performing online viewing，storage，and analysis on big data of massive BIMs [J]. Automation in Construction，2016，71：34-48.

[31] BIRJE M N，CHALLAGIDAD P S，GOUDAR R H，et al. Cloud computing review： concepts，technology，challenges and security [J]. International Journal of Cloud Computing，2017，6（1）：32.

[32] LI X，YI W，CHI H L，et al. A critical review of virtual and augmented reality（VR/ AR）applications in construction safety [J]. Automation in Construction，2018，86： 150-162.

[33] BHASKAR T，PAL M N，PAL A K. A heuristic method for RCPSP with fuzzy activity times [J]. European Journal of Operational Research，2011，208（1）：57-66.

[34] ZOLLMANN S，HOPPE C，KLUCKNER S，et al. Augmented reality for construction site monitoring and documentation [J]. Proceedings of the IEEE，2014，102 （2）：137-154.

[35] COLOMBO A W，KARNOUSKOS S，KAYNAK O，et al. Industrial cyberphysical systems：A backbone of the fourth industrial revolution [J]. IEEE Industrial Electronics Magazine，2017，11（1）：6-16.

[36] YIN Y，StTECKE K E，LI D. The evolution of production systems from Industry 2. 0 through Industry 4. 0 [J]. International Journal of Production Research，2018，56 （1-2）：848-861.

[37] LEITÃO P，COLOMBO A W，KARNOUSKOS S. Industrial automation based on cyber-physical systems technologies：Prototype implementations and challenges [J]. Computers in Industry，2016，81：11-25.

[38] LU W，HUANG G Q，LI H. Scenarios for applying RFID technology in construction project management [J]. Automation in construction，2011，20（2）：101-106.

[39] D'ROZA T，BILCHEV G. An overview of location-based services [J]. BT Technology Journal，2003，21（1）：20-27.

[40] WANG C，CHO Y K. Smart scanning and near real-time 3D surface modeling of dy-

namic construction equipment from a point cloud ［J］. Automation in Construction, 2015, 49: 239-249.

［41］ GONG J, CALDAS C H. Data processing for real-time construction site spatial modeling ［J］. Automation in Construction, 2008, 17 (5): 526-535.

［42］ CHENG T, TEIZER J. Real-time resource location data collection and visualization technology for construction safety and activity monitoring applications ［J］. Automation in Construction, 2013, 34: 3-15.

［43］ BALLARD H G. The last planner system of production control ［D］. Birmingham: Univ of Birmingham, 2000.

［44］ WANG H, ZHANG J P, CHAU K W, et al. 4D dynamic management for construction planning and resource utilization ［J］. Automation in construction, 2004, 13 (5): 575-589.

［45］ MOHAMMADI M, MUKHRAR M. A review of SOA modeling approaches for enterprise information systems ［J］. Procedia Technology, 2013, 11: 794-800.

［46］ KEEN M, ACHARYA A, BISHOP S, et al. Patterns: Implementing an SOA using an enterprise service bus ［J］. New York, USA: International Business Machines Corporation, 2004.

［47］ CARIDI M, CAVALIERI S. Multi-agent systems in production planning and control: an overview ［J］. Production Planning & Control, 2004, 15 (2): 106-118.

［48］ ILEVBARE I M, PROBERT D, PHAAL R. A review of TRIZ, and its benefits and challenges in practice ［J］. Technovation, 2013, 33 (2): 30-37.

［49］ JAMSHIDI, MO. Systems of systems engineering: principles and applications ［M］. Boca Raton: CRC Press, 2017.